しんわ
CREDIT
事業者ローン
博多支店・雑餉隈支店
塩
即日融資
100~500万円
白さバツグン
クリーニング

DOVER
COFFEE
STAND
DOVER
DOVER

ALOHA cafe stand
RENTAL
SURF BOARD・SUP
SCHOOL
SURFING・SUP
PARKING
SHOWER
有料駐車場
H1surf
PARKING
RENTAL
SCHOOL
SURF & SUP
SHOWER
CAFE & FOOD

クレープ

PLAN

ITOSHIMA

YOUR TRIP

아직은 낯선 이토시마. 여행 전 알아두면 유용한 정보들과 이토시마를 파악하는 데 도움이 될 만한 정보들을 모았다.

소요 시간 45min

도심의 복잡함에서, 일상의 피로에서 벗어나 한적하고 자유로운 이토시마를 만나는 데까지 걸리는 시간, 후쿠오카 공항에서 전철로 단 45분. 전철을 타고 멍하니 스쳐 지나가는 풍경을 바라보고 있으면 어느새 낯설지만, 어딘가 울컥한 그리움이 있는 이토시마에 도착한다.

면적 216.12km²

이토시마시는 서울의 3분의 1 밖에 되지 않는 작은 도시이지만, 대중교통 인프라는 거의 구축되어 있지 않다. 커뮤니티 버스가 있기는 하지만 노선이 한정적이고, 한 시간에 한 대면 감사한 수준. 따라서 차량 렌트를 하지 않으면 이토시마를 100% 만끽하기에는 벅차다.

인구 97,167명

이토시마는 인구가 채 10만 명도 되지 않는 작은 도시이다. 2018년 4월 기준으로 9만 7167명. 2000년대에 들어와 9만 5000과 10만 사이를 오락가락하고 있다. 하지만 최근 들어 이주 붐이 불고 있고, 시에서도 적극적으로 이토시마 생활을 홍보하고 있어 인구는 점차 늘어날 것으로 예상된다.

JA 연간 매출 1위

이토시마의 이토사이사이 伊都菜彩는 전국 1700여 곳의 JA(농협) 직판장 중 최고 연간 매출을 자랑한다. 현재 약 1600명의 생산자가 등록되어 있으며 매일 아침 신선한 지역 농수산물을 제공하고 있다. 주말에는 하루 평균 방문자만 5000명 이상!

공방 100여개

이토시마는 도시 곳곳에 공방이 산재해 있다. 목공예부터 도예, 가죽 등 다양한 장르의 작가들이 메이드 인 이토시마 제품들을 만들고 있다. 마치 보물찾기를 하는 기분으로 나의 취향을 저격하는 아티스트를 찾는 것도 이토시마 여행의 큰 기쁨 중 하나.

선셋 라이브 26회

선셋 라이브는 음악이라는 매개체를 통해 이토시마의 자연에 대한 소중함을 일깨워주고자 1993년부터 시작된 뮤직 페스티벌이다. 올해로 26회를 맞이한 이 축제는 한국과 그 취지를 공유해 2007년부터 부산에서도 매해 열리고 있다.

서핑 스폿 4곳

이토시마는 기타큐슈 서핑의 메카로, 노기타, 케야, 오구치, 후타미가우라 등 총 4곳에 서핑 스폿이 있다. 이곳들을 중심으로 서퍼 숍이 옹기종기 모여 있으며 서핑 관련 용품을 구입하거나 강습을 받을 수 있다. 매해 아마추어를 대상으로 한 다양한 서핑 대회가 열리고 있는데 주로 10-11월에 진행된다.

드라이빙 54번 현도

시내부터 해안가까지 이어져 있는 54번 현도는 이토시마 여행자들을 안내하는 드라이빙의 지표이다. 시내에서 논길 따라, 밭길 따라 달리다 보면 투명한 바다가 맞이하는 해안 도로가 나온다. 특히 이 해안 도로는 노을이 아름다운 것으로 유명해 '선셋 로드'로도 불린다.

일본 공휴일

1월	1일	새해 첫날
	두 번째 월요일	성년의 날
2월	11일	건국 기념일
3월	21일	춘분
4월	29일	쇼와의 날
5월	3일	헌법 기념일
	4일	녹색의 날
	5일	어린이 날
7월	세 번째 월요일	바다의 날
8월	11일	산의 날
9월	세 번째 월요일	경로의 날
	23일	추분
10월	두 번째 월요일	체육의 날
11월	3일	문화의 날
	23일	근로 감사의 날
12월	23일	일왕 탄생일

※ 일요일과 겹치면 다음 월요일 휴무

CHECK LIST

인사 GREETING

일본어는 영어와 마찬가지로 아침, 점심, 저녁 인사가 모두 다르다. 하지만 점심 인사인 '곤니치와 こんにちは'만 알아둬도 만사 OK. 그리고 또 하나의 만능어 '스미마셍 すみません'도 알아두면 좋다. 음식을 주문할 때, 도움을 요청할 때, 실례를 범했을 때 등 다양하게 활용할 수 있으니. 감사의 표현인 '아리가또 고자이마스 ありがとうございます'는 자주 말할수록 좋다.

와이파이 WI-FI

와이파이가 되는 음식점이나 카페가 거의 없는 편이다. 게다가 이토시마 여행은 렌터카가 필수인데, 내비게이션에 등록되어 있지 않을 정도로 생긴 지 얼마 되지 않을 가게들이 많아 수시로 구글맵을 확인해야 하는 상황이 발생한다. 따라서 데이터 로밍이나 휴대용 와이파이 기기를 사전에 신청해 두는 것이 좋다.

현금 CASH

이토시마에는 카드 결제가 되는 곳이 거의 없다고 봐도 무방하다. 대형 슈퍼, 드럭 스토어, 편의점에서는 여느 도시처럼 카드 결제가 가능하지만, 음식점이나 공방, 숍에서는 대부분 현금 결제만 된다. 따라서 평소 일본 여행 때보다 환전은 넉넉하게, 그리고 비상시 ATM기에서 돈을 찾을 수 있도록 현금 카드는 꼭 가지고 갈 것.

주문 ORDER

이토시마에서 음식을 주문하기란 쉬운 일은 아니다. 일본어로만 된 메뉴판이 대부분이고 영어가 원활하게 통하는 편도 아니기 때문. 따라서 가고 싶은 가게가 있다면 미리 홈페이지나 책을 참고해 메뉴를 정해서 가도 좋고, 지나가다 우연히 들른 곳이라면 바디랭귀지와 번역기의 힘을 빌리자. 아니면 마법의 한 문장을 외워가도 좋다. "오스스메 아리마스까 おすすめありますか(추천 메뉴 있나요?)"

영업시간 OPENING HOURS

워낙 느긋한 동네여서 그런지 영업시간이 제각각이다. 주말에만 영업하는 곳, 낮 3시면 문을 닫는 곳… 또한, 평소보다 늦게 열거나 빨리 닫는 경우도 많고 부정기 휴무도 있다. 여행 전에 꼭 가고 싶은 스폿은 홈페이지를 통해 영업시간을 미리 체크해 두자. 그리고 찾아간 곳이 문을 닫았더라도 의연하게 돌아설 수 있는 마음의 여유도 필요하다.

전압 VOLTAGE

일본의 전압은 110V다. 흔히들 '돼지코'로 부르는 변환 플러그를 기존의 플러그에 끼우면 문제없이 사용할 수 있다. 하지만 헤어드라이어처럼 큰 전류가 필요한 제품은 무용지물이 되는 경우도 있다. 머리카락 말리는 데 하루 종일 걸리겠다 싶을 정도. 따라서 헤어드라이어나 다리미 등은 숙소에 있는 것을 사용하는 것이 좋다.

운전 DRIVING

도로는 시내를 제외하고는 대부분 왕복 2차선이며 한국보다 폭이 좁다. 또한, 한국과 달리 좌측 주행을 해야 한다는 부담이 있다. 하지만 차량이 많지 않고 다들 느긋하게 다니는 경향이 있어 운전 난도는 높지 않은 편이니 너무 겁먹지 말자.

이토시마 로컬 ITOSHIMA LOCAL

이토시마에 살고 있는 사람들은 일본의 다른 지역 사람들과는 느낌이 많이 다르다. 스쳐 지나가다 눈이 마주치면 다들 웃으며 반갑게 인사한다. 밥을 먹다가 옆 사람과 말문이 트이면 수다 삼매경에 빠지기도 하고, 카메라를 들고 있는 사람에게 '브이' 포즈를 취해 주는 사람도 있을 정도. 외지인에게 거부감보다는 반가움을 온몸으로 표현하는 이토시마 사람들! 마음을 열고 그들에게 녹아드는 것이 이토시마를 완벽하게 즐길 수 있는 가장 빠른 지름길이다.

SEASON CALENDAR

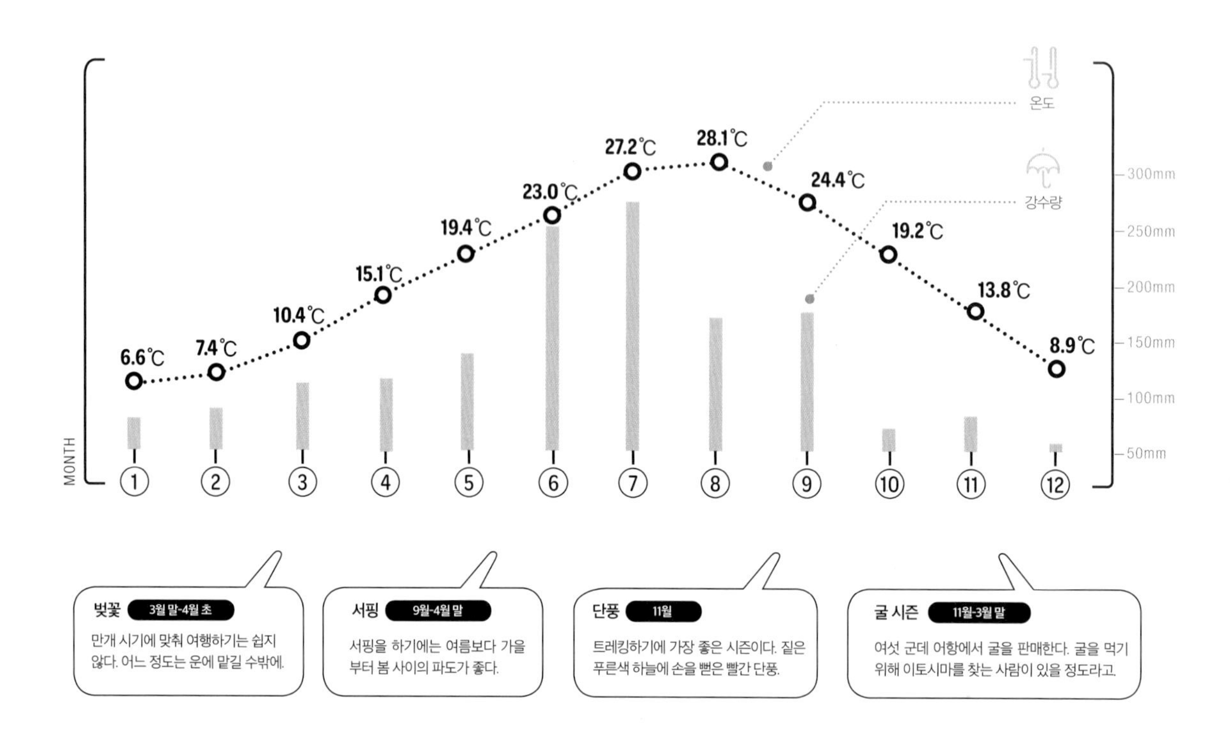

계절별 이토시마 여행 코디

봄 꽃이 도시 곳곳에 흐드러지게 피어나는 봄. 로맨틱한 계절이지만 서핑의 메카답게 바닷바람만큼은 매섭다. 가벼운 옷차림으로 해변에서 인증 샷을 찍다가는 감기에 걸리기 십상. 다른 건 몰라도 목에 따뜻한 스카프를 두르는 것은 잊지 말자.

여름 이토시마의 여름은 무섭다. 고온다습의 절정. 게다가 가로수나 높은 건물이 거의 없기 때문에 직사광선에 그대로 노출되기 일수다. 얇은 카디건과 챙 넓은 모자와 선글라스, 자외선 차단제는 반드시 챙긴다. 태양의 고도가 낮아진 4시 이후에는 수영복으로 갈아입고 투명한 바다를 즐겨도 좋다.

가을 9월까지도 더운 날씨가 지속되고, 진정한 가을은 10월 이후에 찾아온다. 낮에는 포근하더라도 저녁이면 15도 이하로 떨어지기도 하니 겉옷이 필요하다. 또한, 도시 곳곳에 1000M 이하의 오르기 쉬운 산이 많으니 편한 복장을 챙겨가서 단풍과 함께 가벼운 트레킹을 즐겨볼 것을 추천한다.

겨울 한국의 겨울에 비하면 따뜻한 편이다. 하지만 무섭게 불어닥치는 바닷바람은 만만치 않다. 가벼운 코트로 멋을 내기보다는 조금 부담스러울 정도의 두툼한 점퍼를 가지고 가는 것이 안심이다. 또한, 일본의 숙소는 에어컨으로 공기만 덥힐 뿐이어서 온돌에 익숙한 우리에게는 춥게 느껴지니 따뜻한 잠옷을 챙기는 것이 좋다.

서핑하기 좋은 시기

서핑 하면 뜨거운 태양 아래서 큰 파도를 배경 삼아 화려한 기술을 선보이는 서퍼들을 떠올리는데, 사실 이토시마의 여름 바다는 잔잔하다. 태풍이 왔다 간 직후가 아니고서야 해수욕에 최적화되어 있지, 서핑은 불가능한 수준. 서핑을 하고 싶다면 가을부터 봄 사이에 찾는 것이 좋다.

주의가 필요한 시기

일본은 태풍이 자주 오는 편이며, 그 시기도 초여름부터 가을까지로 길다. 만일 출발 직전에 태풍 소식이 있다면 이토시마 여행은 고민해 보는 편이 좋다. 이토시마는 일본에서도 남쪽에 위치해 있어 강한 비바람을 동반할 확률이 높다. 이런 상황에서 운전하며 다니기란 여간 어려운 일이 아니다. 항상 안전을 최우선으로 생각해야 한다.

FESTIVAL

작은 도시라 화려하지 않을 수 있지만
이토시마만의 다양한 얼굴을 만날 수 있는 개성 있는 축제를 즐겨 보자.

4月 / 부부 바위 대금줄 교체 행사

풍년과 건강을 기원하는 부부 바위 대금줄 교체 행사는 매년 4월 말 에서 5월 초순경 바닷물이 빠지는 간조 시기에 열린다. 이때 지역 주민 60여 명이 길이 30m, 무게 1t의 대금줄을 짊어지고 두 바위를 올라 대금줄을 잇는다.

9月 / 선셋 라이브

이토시마의 아름다운 자연에 대한 소중함을 알리고자 1993년 부터 매년 9월 케야 해수욕장에서 열리는 뮤직 페스티벌이다. 다양한 음악 장르의 뮤지션이 출연하며, 현재는 1만 5000명 이상의 관객이 모여드는 규슈 지역 대표 축제로 성장했다.

4, 10月 / 이토시마 핸드메이드 카니발

전국 각지에서 모인 수공예 작가들의 작품을 만나 볼 수 있는 축제이다. 전시와 판매뿐만 아니라 작가와 함께 작품을 만들고 작업 과정을 공유하는 워크숍, 그리고 먹거리가 준비되어 있다. 매년 4월 말과 10월 말, 총 2회 개최한다.

10月 / 이토시마 크래프트 페스

올해로 11회를 맞이하는 축제로 이토시마에서 활약하는 공방들이 한 자리에 모인다. 도예와 목공예 등 여러 분야의 크래프트 작가들이 다양하고 참신한 공예품들을 선보인다. 먹거리 부스와 체험 부스도 마련되어 있다.

7月 / 케야노오토 노료 불꽃 축제

케야 해수욕장에서 열리는 불꽃 축제. 4000발의 불꽃이 이토시마의 밤하늘을 아름답게 수놓는다. 불꽃놀이 장소로 향하는 길에 노점상이 늘어서고, 유카타를 곱게 차려입은 사람들을 구경하는 재미도 쏠쏠하다. 기상 상황에 따라 취소되는 경우도 있으니 방문 전 일정 확인이 필요하다.

10月 / 서퍼 걸 서핑 콘테스트

매년 10월 케야 서핑 포인트에서 열리는 서핑 대회로 규슈 아마추어 대회 중에서는 손에 꼽힐 정도로 상당한 규모를 자랑한다. 어린이부터 어른까지 남녀노소 모두 최선을 다해 자신의 실력을 뽐내는 모습이 인상적이다.

©축제 사진 제공: 이토시마시 상공관광과

THE BEST DAY COURSE

BEST COURSE 01 DAY

- 코코노키
- 이토 아구리
- 그릇과 수제 공방 켄
- 페타니 커피
- 도버
- 부부 바위
- 팜 비치 더 가든
- 선셋 카페
- 스피크 이지

>

BEST COURSE 02 DAY

- 케야노오토
- 이토시마 피크닉 빌리지
- 코코페리
- 공방 돗탄
- 로이터 마켓
- 타비노키세키
- 런던 버스 카페
- 선플라워
- 야키토리노하치베이

>

BEST COURSE 03 DAY

- 이토사이사이
- 잡화 소라
- 카페 노르
- 시라이토 폭포
- 그린 코드
- 도우무노모리

BEST COURSE ONE DAY

- 이토사이사이
- 코코노키
- 이토 아구리
- 공방 돗탄
- 런던 버스 카페
- 도버
- 팜 비치 더 가든
- 선셋 카페
- 스피크 이지

ITOSHIMA-1 DAY

여행 첫째 날

10:00 am

코코노키

이토시마에서 활동 중인 작가 약 70여 명의 작품을 판매하는 셀렉트 숍. 목공예품, 도자기, 손수건과 같은 생활용품부터 쿠키, 로스팅 원두 등 식품류까지 한데서 만나볼 수 있다.

11:00 am

이토 아구리

100년된 양조장을 개조해 오픈한 이토 아구리. '이토시마 식문화의 발신기지'인 이곳에서 제공되는 한 끼는 이토시마에 대한 무한한 애정으로 가득하다.

01:00 pm

그릇과 수제 공방 켄

자타공인 이토시마 아티스트들의 대표이자 책임자인 츠루가 켄지가 운영하는 도자기 공방. 심플하고 손에 착 감기는 편리한 디자인의 도자기들이 매력적이다.

01:30 pm

페타니 커피

이토시마의 수많은 카페가 선택한 넘버 원 로스터리. 페어트레이드 오가닉 원두를 비롯해 다양한 스페셜리티 원두를 매일 정성스럽게 로스팅하고 있다.

03:00 pm

도버

아티스트 도버의 공방. 뚫려 있는 지붕 사이사이로 떨어지는 햇살이 스포트라이트처럼 그의 작품들 비춘다. 도버 공방 오리지널 가죽 제품을 비롯한 다양한 잡화도 판매한다.

04:00 pm

부부 바위

단연 이토시마의 심볼이라고 할 수 있는 부부 바위. 연인 관계, 부부 금실에 좋은 영향을 준다고 하여 이곳을 배경으로 인증 샷을 찍는 커플이 많다.

04:30 pm

팜 비치 더 가든

여섯 개 숍이 한데 자리한 복합 공간으로 카페, 아이스크림 가게, 레스토랑 등이 있다. 올드 하와이안풍의 건물과 후타미가우라의 해안이 만들어 내는 분위기가 매혹적이다.

06:00 pm

선셋 카페

1990년 오픈이래 매해 9월 해변 음악 축제인 선셋 페스티벌을 주최하며 이토시마 로컬 해변 문화를 이끌어 가고 있다. 해안 테라스에서 보이는 뷰도 좋고 음식과 커피, 디저트류 무엇 하나 빠지는 것이 없다.

08:00 pm

스피크 이지

처음 찾은 사람도, 단골도 누구나 친구가 되는 마법의 공간. 식사 메뉴부터 간단히 먹기 좋은 안주 메뉴까지 알차게 준비되어 있으며 알코올 메뉴도 일본주, 와인, 칵테일 등 종류를 불문한다.

케야노오토

정원 25명 정도의 작은 배를 타고 약 10분 이면 푸른 바다 위, 위풍당당하게 솟아 있는 주상절리를 만날 수 있다. 파도가 세지 않은 날에는 선장이 승객들을 케야노오토 안으로 안내한다.

10:15 am

이토시마 피크닉 빌리지

케야 해변의 대표 로컬 스폿. 카페, 레스토랑, 액세서리 가게 등 5개의 점포가 한데 모여 있다. 매달 둘째 주 일요일에 아오조라 마르쉐 青空マルシェ를 진행한다.

11:00 am

코코페리

마치 친구 집에 놀러 온 듯 편안한 카레 전문점. 넓은 창 너머로 케야의 푸른 바다를 감상하며 장시간 푹 끓인 카레와 부드러운 함바그, 밥을 크게 한 술 퍼서 맛보자.

12:30 pm

공방 돗탄

이토시마 반도의 서쪽, 유난히 반짝이는 바닷가 옆에 위치한 소금 공방. 전통 방식으로 바닷물을 길어 올려 정성껏 소금을 제작한다. 바다를 바라보며 맛보는 소금 푸딩은 잊을 수 없는 맛!

02:00 pm

로이터 마켓

반짝반짝 은색의 캠핑카가 인상적인 젤라토 전문점. 이토시마의 오가닉 식자재를 사용해 만든 젤라토를 맛볼 수 있다.

02:30 pm

타비노키세키

아로마 액세서리로 사랑받고 있는 주얼리 공방. 사전에 신청하면 나만의 오리지널 액세서리를 만드는 워크숍에 참여할 수 있다.

04:00 pm

런던 버스 카페

글루미한 런던을 벗어나 푸른 하늘 아래, 쪽빛 바다 앞으로 자리 잡은 빨간 런던 버스. 주문한 음료를 들고 2층에 자리 잡아 멍하니 서퍼들의 움직임을 눈으로 좇는 것만으로 그냥, 좋다.

05:30 pm

선플라워

식물의 녹색과 바다의 푸른빛이 조화를 이루는 공간. 날이 좋으면 가게 앞 파라솔에 앉아 노을을 바라보며 느긋하게 식사나 차를 즐기자.

08:00 pm

야키토리노하치베이

카운터 석 바로 앞에서 펼쳐지는 야키토리 숯불구이 퍼포먼스. 그것을 구경하며 맛보는 야키토리와 시원한 생맥주 한 잔!

ITOSHIMA-3 DAY

여행 셋째 날

09:00 am

이토사이사이

등록된 생산자 수만 1600명이 넘는 대형 직판장. 한 아름 꽃다발을 들고 분주하게 장을 보는 로컬들의 활기찬 기운이 전해진다. 신선한 초밥과 함께 뜨끈한 우동을 맛보면 하루가 든든하다.

10:30 am

잡화 소라

주방용품, 인테리어 용품, 조명, 문구류 등을 취급하는 셀렉트 숍. 깊은 밤하늘을 닮은 인디고 색 문을 열고 들어가면 오너의 취향을 담은, 예쁘면서도 실용성 있는 제품들이 맞이한다.

11:30 am

카페 노르

가게 곳곳에 레트로한 감각이 묻어나고 창밖으로는 멀찍이 바다가 보이는 카페 & 비스트로. 맛도 좋고 양도 풍부한 카레와 빠네 세트를 맛보자.

01:30 pm

시라이토 폭포

낙차 24m의 폭포로 그 모습이 다이나믹 하면서도 한편으로는 부드럽다. 폭포 주변으로 식당과 소멘나가시(흐르는 물에 국수를 흘려 먹는 것) 코너가 있으며, 7월 초부터 9월 사이에는 수국이 만개한다.

02:30 pm

그린 코드

고민가를 개조해 오픈한 스튜디오 겸 라이브 카페다. 고즈넉함과 힙한 매력이 어우러진 재미있는 공간. 구석구석 구경하며 차 한잔 하고 가기 좋다.

04:00 pm

도우무노모리

매일 무려 80여 종의 빵을 돌가마에서 구워내는 베이커리. 개업 이래 누적 판매량 300만 개를 돌파했다는 규스지(소의 힘줄) 카레 빵은 꼭 맛보아야 할 대표 메뉴!

ITOSHIMA-ONE DAY

이토시마 1일 추천 코스

이토시마 당일치기 여행, 혹은 1박 여행에 참고하면 좋을 핵심 코스를 정리했다.

ITOSHIMA PREVIEW

初めての糸島。

미리 보는 이토시마

후쿠오카시의 서쪽, 겉보기에는 평범한 시골 마을인 '이토시마'가 핫하다. 왜 이렇게 주목받고 있는지 묻는다면 딱 한 마디로 설명하기는 어렵다. 여기에는 아름다운 자연환경을 비롯해 이주 붐, 공방 축제, 안전한 먹거리, 고민가 프로젝트, 서핑 문화 등 우열을 가리기 힘든 다양한 요인이 작용하고 있기 때문에. 이토시마, 그 끝을 알 수 없는 매력 속으로 빠져 보자.

塩

이토시마에 살다.

糸島暮らし。

1

PREVIEW

일본 젊은이들 사이에 이주 붐이 일고 있다. 도심의 높은 집값, 지속적인 업무 스트레스로 인한 번아웃 승후군, 먹거리에 대한 불신 등… 다양한 이유를 껴안고 도심을 떠나 새로운 정착지를 찾아 표류하고 있는 그들에게 이토시마는 완벽한 대안으로 부상하고 있다. 지금 이토시마는, 간절히 뜨겁다.

1. 선셋 로드 2. 철로 건널목 3. 케야 해안의 서퍼들

1 2 3

후쿠오카현 서북부, 녹생 창연한 산과 코발트블루의 바다에 둘러싸인 작은 마을 이토시마가 '이주' 이슈로 뜨겁다. 후쿠오카 바로 옆에 있어 풍부한 일자리가 제공되며, 공항, 신칸센 역과 가깝고, 자급자족 풍조 덕분에 안전한 먹거리가 보장된다. 게다가 퇴근 후, 주말에 완벽한 '비일상'을 즐길 수 있는 환경이 조성되어 있어 '워라밸'을 중시하는 일본의 젊은이들이 이토시마로 모여들고 있다. 다른 지역 출신이 이주해 오는 L턴은 물론이고, 다른 지역으로 떠났던 이토시마 출신이 다시 돌아오는 U턴 현상도 발생하고 있을 정도. 이처럼 이토시마가 이주지로 주목받기까지 어떤 과정이 있었을까?

이토시마 이주의 역사

사실 이토시마 이주 역사는 꽤 오래전에 시작됐다. 바로 1980년 이곳에 발을 들인 공방 작가들이 그 역사를 시작한 주인공들이다. 과거 가야 문화 교류의 흔적(p.037)과 자연이 주는 영감을 따라 이곳으로 온 그들은 조용히 자신들의 터전을 다지기 시작했다. 그리고 90년대에 들어서 오늘날 이토시마의 대표 키워드가 된 '서핑' 문화가 발생했다. 당시 해변에는 아무것도 없었고, 서퍼들은 자신들의 일자리를 만들기 위해 카페와 음식점 등을 짓기 시작했다. 이와 함께 '건강한 먹거리'에 관한 의식 있는 농가들이 이토시마에 자리 잡았다.

21세기에 들어서며 이토시마는 지금의 이토시마가 되기 위한 기반을 더욱 탄탄히 했다. '자급자족' 풍조가 확산되며 이토시마산 가공품을 만드는 곳들과 이토시마 식자재만을 활용하는 음식점들이 크게 늘어났다. 이러한 모습은 2011년, 동일본 대지진 이후 이토시마로 수많은 이주민들을 끌어들이는 큰 요인으로 작용했다. '안전한 먹거리', '여유로운 환경'을 추구하는 사람들에게 이토시마만큼 완벽한 대안은 없었다. 그들은 SNS를 통해 자발적으로 이토시마를 홍보했고 지금의 이토시마 이주 붐에 큰 파도를 만들었다.

지금의 이토시마를 만든 주역들

보통 한 도시(혹은 마을)가 크게 성장하기 위해서는 존경받는 지도자가 나오기 마련이다. 도시를 계획하고, 일자리를 창출하고, 주거지를 짓고, 사람들을 불러 모은다. 그렇게 인위적으로 만들어진 도시에는 '존경받는 지도자'만이 남고 기존의 도시 분위기는 옅어지게 마련이다.

하지만 이토시마는 달랐다. 너나 할 것 없이 모두의 손으로 일구어낸 변화다. 묵묵히 자신의 예술을 하며 자리를 지킨 공방 작가들, 서핑이 좋아서 해변에 카페를 내는 등 스스로 일자리를 창출한(?) 서퍼들, 안전한 먹거리를 위해 독자적인 농법을 고수해 온 농가들, 이토시마산 식자재를 고수하는 음식점과 이토시마산 가공품을 만들기 위해 노력한 사람들 등… 지금의 이토시마를 만든 데는 '주역'만 있지 '주연'은 없었다.

Special interview

사쿠라이 신사에서 차로 약 5분, 구불구불 산길을 따라 들어간 곳에서 이토시마 우프 농장의 주인, 오카 켄타로와 만났다. 선한 인상의 그는 햇볕에 그을린 멋진 미소로 우리를 맞이해 주었다.

PROFILE

Kentaro Oka

Ⓝ 오카 켄타로 岡健太郎
Ⓙ 우프 농장, 게스트하우스 오너

안녕하세요. 자기소개 부탁드려요.

안녕하세요, 이토시마에서 우프 농장과 츠바사주쿠(p.106)라는 게스트하우스를 운영하고 있는 오카 켄타로입니다. 홋카이도 출신이지만 우퍼로서 일본의 우프 농장을 전전하다 현재는 이토시마에 우프 농장을 열고 정착했어요.

우프가 뭔가요?

우퍼가 농가에 가서 일을 돕고 숙식을 제공받는 것을 말합니다. 둘 사이에 금전은 일체 오가지 않죠. 만일 비가 와서 농사일이 불가능한 날에는 다른 도움을 받아요. 예를 들어, 저는 우프 농장 외에 게스트하우스도 운영하고 있는데요. 비가 오면 그곳의 청소를 부탁드리기도 하고 그림을 잘 그리시는 분이면 그림을 부탁드리기도 합니다.

우퍼가 된 계기와 이토시마에 우프 농장을 열게 된 스토리가 궁금합니다.

일반적으로 학교를 졸업하면 취직을 하잖아요. 저 또한 취업하며 사회의 구조를 알게 되었는데 어느 순간 그게 너무 싫어졌어요. 그래서 회사를 그만두고 여행을 떠났죠. 그때 선택한 것이 우프였는데, 우퍼가 되며 처음으로 '돈이 오가지 않는 관계, 일'에 대해 알게 됐어요. 회사에서 느꼈던 부담은 사라지고 행복만 있었죠.
그러다가 나라현의 우프 농장에서 아내를 만나고, 우프 농장을 열어 정착해야겠다는 결심을 했어요. 대만인인 아내는 너무 춥거나 도심에서 먼 곳은 원하지 않았고, 저는 산과 바다를 너무나 좋아하는 사람이기에 이토시마는 정말 이상적인 곳이었어요. 삿포로와 대만까지 한 번에 갈 수 있는 공항과 가깝다는 점도 좋고요.

우프 농장에서 수확한 채소들은 어떻게 판매하고 계신가요?

'이토사이사이'라는 JA에 생산자로 등록되어 있어서요. 여기서 수확한 고구마, 호박, 오크라 등을 그곳에 납품하고 있답니다. 특히 오크라는 보통 초록색을 띠고 있는데요. 제가 키우고 있는 품종은 보라색으로, 흔치 않거든요. 또한, 농약은 일절 사용하고 있지 않기 때문에 씻지 않고 그대로 드셔도 됩니다.

이토시마에서의 이주 생활, 앞으로의 목표는 무엇인가요?

고민을 가지고 이토시마에 우퍼로 오신 분들에게 힐링을 주고 싶어요. 그분들이 저와 함께 밭을 가꾸며 수확의 기쁨을 누리고, 자연의 소중함을 깨달으며 일상생활에서 오는 스트레스를 잠시나마 잊으셨으면 합니다. 남은 시간에는 이토시마 곳곳의 멋진 공간들을 다니시며 영감을 받으셨으면 하고요. 이토시마에는 정말 멋진 곳들이 많으니까요! 제가 지금까지 우퍼로서 받아온 만큼 조금이라도 많은 분께 돌려드릴 수 있는 사람이 되고 싶습니다.

PROFILE

Hiroyuki Tanaka

Ⓝ 타나카 히로유키 田中 裕之 Ⓙ 커피 우니도스, 타나 카페 오너

"

커피 우니도스를 취재 하며 이런저런 이야기를 나누다가 오너 타나카가 이토시마에서 나고 자란 사람이는 말을 듣고 즉흥 인터뷰를 시작했다. 이토시마에서 가게나 공방을 내고 영업하는 사람 중 이주민의 비율이 높았기 때문에 로컬의 입장도 궁금했던 차였다. 커피 이야기를 할 때만큼이나 그의 눈동자는 활기로 빛났다.

"

안녕하세요! 자기소개 부탁드릴게요.

안녕하세요. 타나카 히로유키입니다. 이토시마에서 태어나 잠깐 취직했을 때를 제외하고는 쭉 이곳에 살고 있어요. 현재는 지쿠젠마에바루역 근처에서 타나 카페(p.070)와 커피 우니도스(p.070)를 운영하고 있습니다.

타나카 씨가 보기에 이토시마가 가장 크게 달라진 점은 무엇인가요?

'좋은 곳'이라는 인식이 생긴 거요.(웃음) 예전에는 이토시마 출신이라고 얘기하면 '그런 시골에 뭐가 있기나 해?'라며 바보 취급당하기 일쑤였어요. 그랬던 곳이 지금은 '좋은 곳, 살고 싶은 곳'으로 인정받는 도시가 되었지만요.

'살고 싶은 곳'이라. 그렇게 인정받을 수 있었던 이유는 무엇일까요?

기본적으로 자연환경이 가장 큰 역할을 했다고 생각해요. 탄성을 자아내는 바다와 산, 맛있는 식자재를 제공하는 땅, 그리고 후쿠오카 도심과 가까운 거리라는 지리적인 요소도 한몫했죠. 거기에 우리들만의 문화를 만들기 위해 노력한 여러 사람, 단체의 노력이 더해져 이토시마반의 색깔이 생겼기 때문에 누구나 살고 싶은 곳이 된 것 같아요.

지금의 이토시마가 되기까지 로컬과 이주민 사이의 갈등은 없었나요?

없었다고는 할 수 없죠. 시골에는 폐쇄적인 분들이 많으니까요. 하지만 이토시마가 이러한 갈등을 이겨낼 수 있었던 건, 첫째로 '다 함께 이토시마를 살기 좋은 곳으로 만들어 보자!'라고 이끌어 주는 사람들이 있었기 때문이고요. 둘째는 그것을 받아들이고 변화해 준 로컬들 덕분이라고 생각해요. 물론 여전히 이러한 변화를 싫어하고 배척하는 사람도 있어요. 하지만 그런 분들을 나쁘다고 볼 수는 없죠. 오히려 변화해 준 분들을 대단하다고 박수 쳐 드렸으면 좋겠어요.

앞으로는 이토시마의 매력을 알아본 외국 분들도 많이 찾아올 것 같은데 어떠신가요? 아무래도 관광지화되면 그곳의 분위기가 많이 바뀌잖아요.

이곳을 사랑해서 찾아와 주시는 분들에게는 그저 감사한 마음입니다. 이토시마는 지금까지 변화해 왔고, 앞으로도 계속 변화할 거예요. 그건 당연한 거고요. 하지만 어떤 자세로 변화를 맞이하는지가 중요한 것 같습니다. 항상 우리만의 아이덴티티를 유지하기 위한 노력이 필요하죠.

10년 후에도 '이토시마는 이토시마다'라는 생각이 들면 좋겠네요.

맞아요. 어떻게 변하든 우리만의 색깔을 잃지 않으면 된다고 생각합니다.

2

PREVIEW

이토시마산을 만들기 위하여

糸島産を作るために。

이토시마 천혜의 자연에서 얻은 재료를 사용해 독보적인 '이토시마의 맛'을 만들어 내는 메이커들이 있다. 느리게, 고집스럽게… 어찌 보면 합리적이지 못한 방식일지도 모르지만 그들은 오늘도 이토시마산 생산을 위해 고군분투 중이다.

Ⓐ 糸島市川付882 Ⓖ 33.51125, 130.19431 Ⓣ 092-322-2222
Ⓗ 레스토랑 월-금 11:30-14:30 토 · 일, 공휴일 11:00-15:00 카페 11:30-17:00(L.O 16:00)
Ⓗ itoaguri.jp Ⓜ Map → ④-E-4

'이토시마 식문화 발신기지' **이토 아구리 伊都安蔵里**

이토시마 남부, 시라이토 폭포로 향하는 길목에 위치한 이토 아구리는 이토시마산 식자재를 더욱 맛있게 하기 위한 조미료를 셀렉하고 자체 제작 상품을 판매한다. 또한, 식자재와 조미료에 담긴 생산자의 이야기를 이곳을 찾는 이들에게 전해 모두가 따뜻한 마음으로 하나가 되는 이토시마만의 식문화 형성을 도모하고 있다. 상점을 중심으로 레스토랑과 카페도 운영하고 있다.

Special interview

PROFILE

Tatsuya Yamaguchi

Ⓝ 야마구치 타츠야 山口達也 Ⓙ 이토 아구리 매니저, 뮤지션

안녕하세요. 자기소개 부탁드립니다.

안녕하세요. 저는 이토 아구리의 매니저이자 마케터, 그리고 이토시마 지역 뮤지션으로 활동하고 있는 야마구치 타츠야라고 합니다.

이력이 상당히 특이하시네요.

그렇죠? 태어난 건 사가현이고 도쿄에서 8년 정도 음악 활동을 했었는데, 어느 순간 도쿄가 아니어도 내가 하고 싶은 음악 세상에 알릴 수 있겠구나 하는 생각이 들었어요. 그런 와중에 아시는 분이 생산한 채소를 가지고 도쿄에서 이벤트를 기획하게 됐어요. 채소를 판매할 뿐만 아니라 찾아오신 분들에게

음식도 대접하고, 저녁에는 미니 콘서트도 여는 작은 페스티벌을 진행했죠. 그렇게 좋은 경험을 하고 이토시마에 왔어요. 이곳에서 무엇을 하면 좋을지 고민하다가 도쿄에 했던 이벤트 같은 행사를 기획하고 '식문화'를 만들어가는 역할을 하고 싶었어요. 긴 고민 끝, 이토 아구리에 입사하게 되었습니다. 현재 웹사이트 관리를 비롯한 마케팅, 그리고 예전에 했던 페스티벌과 비슷한 행사를 진행하고 있어요. 저에게 딱 맞는 축복 받은 직장이에요. 물론 음악 활동도 계속하고 있고요.

웹사이트도 직접 관리하시는군요? 사실 이토 아구리의 웹사이트를 보고 의아한 부분이 있었어요. 자신들의 사이트에서 다른 가게 소개 인터뷰를 업로드하시더라고요.

아아.(웃음) 지역 공동체를 서포트하기 위한 일환으로, 이토시마의 가게들을 인터뷰해서 웹사이트에 업로드하고 있어요. 저희 정보도 당연히 신경 써야 하고 중요하게 생각하지만, 사실 정말로 하지 않으면 안 되는 일은 따로 있다고 생각해요. 바로 이토 아구리의 음식을 만들 때 사용하는 이토시마산 식자재 생산자에 대한 소개라든지, 사용하는 조미료에 관한 이야기를 전하는 것이에요. 이토 아구리는 그들이 있어 존재하는 것이기 때문에 저희를 소개하는 것만큼 다른 곳도 정성스럽게 소개하고 싶었어요.

생산자와 판매자, 그리고 소비자의 관계 형성에 심혈을 기울이고 계시네요.

맞아요. 음식을 전달함에 있어 그냥 맛보게 하는 것이 아니라 이 음식이 당신 앞에 오기까지의 어떤 일이 있었는지 이야기를 전하고 싶어요. 그래서 메뉴판도 이러한 스토리를 담아 제작하고 있답니다. 9월에 《트립풀 이토시마》가 출간된 이후 저희 가게를 찾아 주신다면 새 메뉴판을 만나보실 수 있을 거예요.

> **"음식에 담긴 스토리를 알고 먹는 것과 모르고 먹는 것은 천지 차이입니다. 한국 분들도 이토시마에 오시면 그저 '소비'하는 것이 아닌 '그곳의 삶과 만나는 식사'를 하고 가셨으면 좋겠습니다."**

『야마구치가 추천하는 첨가물을 사용하지 않은 이토 아구리 조미료 BEST 3』

비진츠쿠다니 | 美人佃煮 ¥626

이토시마산 생강과 마쿠라자키산 가쓰오부시를 쿠마모토 야마아의 간장을 사용해 조린 제품. 이토 아구리의 스테디셀러.

만능식초 | 万能酢 ¥810

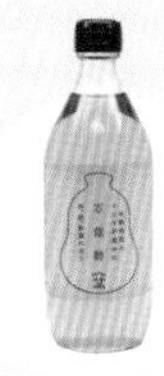

올리브 오일과 반반 섞어 유화시키면 샐러드 드레싱이나 카르파초 소스로 안성맞춤이며, 된장과 섞으며 초된장으로도 활용할 수 있다.

만능 천연 다시 | 万能天然だし ¥1080

가고시마산 가쓰오부시, 구마모토산 사바(고등어)부시, 홋카이도산 라우스 다시마, 오이타산 표고버섯, 나가사키산 마른 정어리를 블렌드하여 만든 천연 다시.

'맛있는 소금을 향한 열정' **공방 돗탄 工房とったん**

맛있는 소금을 향한 열정 하나로 소금 제작 최적의 장소를 물색하던 공방 돗탄의 오너 히라카와 슈이치. 그는 이토시마 반도의 북서쪽 끄트머리, 생활하수가 흘러오지 않아 바닷물이 깨끗하고 일조량이 큰 현재 위치에 공방을 세웠다. 공방 돗탄에서는 입체식 염전으로 끌어 올린 바닷물을 10일간 바람과 태양 빛에 노출시켜 염분농도를 응축하고 공방 내에서 1-3일간 끓여 소금을 만든다. 완성된 소금을 공장으로 옮겨 기계로 건조하면 이토시마 자연의 시간이 담긴 마타이치 소금 またいちの塩이 완성된다. 공방에서는 마타이치 소금과 함께 소금 푸딩 *花塩プリン*(p.000), 소금 진저 塩ジンジャー 등을 판매한다. 현재는 최대 하루 수천 명의 사람이 찾는 이토시마의 대표적인 명소로 자리매김했다.

공방 돗탄 클러스터

마타이치 소금을 사용해 '이토시마의 맛을 전하는 공방 돗탄 클러스터는 일식 레스토랑 이타루 イタル, 스미 카페 sumi cafe, 상점 키세츠야 季節屋로 구성되어 있다. 공방 돗탄과는 조금 떨어진 이토시마 남부에 위치해 있다.

Ⓐ 糸島市本1454 Ⓖ 33.52749, 130.19301 Ⓣ 092-330-8732
Ⓗ 스미 카페 12:00-17:00 키세츠야 10:00-17:00
(이타루 금토일 한정 식사 12:00-15:30, 카페 14:00-17:00)
Ⓜ Map → ④-F-4

Ⓐ 糸島市志摩芥屋3757
Ⓖ 33.57718, 130.08974
Ⓣ 092-330-8737
Ⓗ 10:00-17:00 연말연시 휴무
Ⓤ mataichi.info
Ⓜ Map → ②-E-1

'이토시마에 대한 경애와 감사의 마음을 담아'

시라이토 양조장 白糸酒造

시라이토는 1885년 창업해 7대째 이토시마의 야마다니시키 山田錦를 사용해 술을 주조하고 있다. 술쌀 중 최상급으로 인정받는 야마다니시키는 이토시마의 특산품. 주조에는 길이 8m 떡갈나무에 무거운 돌들을 매달아 놓고 지렛대 원리로 술을 짜내는 전통 하네기시보리 ハネ木搾り 방식을 사용한다. 하네기시보리로 짠 술은 잡맛이 없으며 순하고 부드러운 것이 특징. 제품 중 '타나카로쿠주고 田中六五'가 가장 유명하며, JR규슈의 크루즈 열차인 '나나츠보시 ななつ星'에서 규슈를 대표하는 술로서 승객들을 맞이하고 있다. 양조장은 5명 이상일 경우 일주일 전 예약하면 견학이 가능하다.

Ⓐ 糸島市大字本1986
Ⓖ 33.52061, 130.19041
Ⓣ 092-322-2901
Ⓗ 08:00-17:00 부정기 휴무
Ⓤ shiraito.com
Ⓜ Map → ④-E-4

'매일의 식사가 풍부하고 즐거워지도록'

이토시마 내추럴 치즈 제조소 타쿠 糸島ナチュルチーズ製造所 TAK

이토시마의 서부 해안에서 마을 안쪽으로 조금 들어서면 아주 작은 노란 간판이 보인다. 이곳이 바로 이토시마산 치즈를 생산하는 '타쿠'. 매일 신선한 지역 우유를 들여와 치즈를 생산해내, 이토사이사이에도 납품하는 등 지역 주민들의 식탁을 더욱 풍성하게 하는 데 기여하고 있다. 요거트에 가까운 프레시 타입 라쿠하쿠 ラクハク부터 숙성 타입인 코하쿠 コハク, 찢어먹는 스트링 치즈 시라이토 シライト 등 다양한 종류의 치즈가 있다. 제조장 바로 옆 쇼룸에서는 테이스팅해 보고 구입할 수 있으며, 요청 시 보냉 팩에 정성껏 포장해 준다.

Ⓐ 糸島市志摩岐志63-10
Ⓖ 33.57044, 130.13074 Ⓣ 092-328-1076
Ⓗ 11:00-17:00 월-목, 두 번째, 넷 번째 주 일요일 휴무
(홈페이지에서 영업일 확인 필수)
Ⓤ www.itoshima-cheese-tak.com
Ⓜ Map → ②-E-2

3

PREVIEW

이토시마 고민가 재생 프로젝트

糸島古民家再生プロジェクト。

이토시마의 '고민가 재생 프로젝트'는 원주민과 이주민, 그리고 노인과 청년들이 어울릴 수 있는 공간을 만들고자 하는 사람들의 바람이 담긴 프로젝트이다. 서로 융화되기 위한 노력과 배려는 자연스럽게 사람들에게 녹아들어 지대한 영향을 끼쳤고, 이토시마만의 주거 문화를 만들었다.

'올드한 공간의 힙한 재탄생'

그린 코드 Green chord

목공예가의 집이었던 고민가가 음악 스튜디오이자 카페로 재탄생했다. 뮤지션들이 방음실에서 밴드 연습을 하고, 라이브 공연을 할 수 있는 공간을 대관하는 서비스는 평범하지만, 작은 마을에서는 찾기 어려운 서비스였다. 오너 후쿠다 료스케는 이를 제공함으로써 '이토시마 음악 문화 발전'을 도모하고 있다. 또한, 주민들이 부담 없이 라이브 공연을 보고, 다양한 음악 클래스에 참여해 직접 배워볼 수 있는 계기도 마련해 음악인, 비음악인 모두 함께 음악을 공유할 수 있는 공간을 만드는 데도 힘쓰고 있다.

1 / 2 | 3

1. 전체적으로 옛 공간의 분위기가 많이 남아 있어 시골집의 향수를 불러일으키며 낮에는 간단한 식사와 차를 마실 수 있는 카페로, 저녁에는 주말 한정 바로 활용된다.
2. 가게 곳곳에서 가면을 쓴 캐릭터와 니떼마스 niddemas라고 적힌 티셔츠를 볼 수 있는데, 바로 이토시마를 거점으로 활동하는 그린 코드의 밴드 니떼마스의 굿즈이다. 공식 인스타그램(@niddemas)을 통해 매주 금요일 오후 9시 라이브 방송을 진행하고, 공연 투어를 하는 등 활발한 활동을 하고 있다.
3. '고민가 레코딩'이라는 서비스가 눈길을 끄는데, 고민가에서만 들을 수 있는 생활 소음이 자연스럽게 음악에 입혀져 매력적인 음원을 제작할 수 있다고.

Ⓐ 糸島市二丈武581
Ⓖ 33.52551, 130.16652
Ⓣ 092-332-9386
Ⓗ 카페 12:00-17:00 바 토·일 19:00-23:00
Ⓤ www.g-chord.jp Ⓜ Map → ④-F-4

'옛 감성의 보존, 자연과 사람의 공존'

카페 서양관 カフェ西洋館

180년 전 지어진 고민가를 개조한 카페다. 백여 년의 세월이 느껴지지 않을 정도로 정돈된 외관, 그리고 '서양관'이라는 이름처럼 개화기 시기의 인테리어를 콘셉트로 한 내부 공간이 인상적이다. 르누아르의 작품 <피아노 치는 소녀들>의 모델이 되기도 한 피아노 메이커 '플레이엘'의 업라이트 피아노를 이용해 주기적으로 클래식 연주회도 열린다고.

또한, 카페 뒤뜰 농원에서 무농약으로 재배한 식자재를 활용해 제공하는 건강한 한 끼는 카페 서양관의 자랑이다. 그중에서도 표고버섯을 활용한 시이타케 카레 椎茸カレー는 오너가 강력 추천하는 메뉴. 카페 좌측 언덕에는 160년 된 벚나무 '마츠쿠니오오야마자쿠라 松国大山桜'가 고고하게 서 있는데, 동네 주민들도 그 존재를 몰랐을 정도로 울창한 나무 사이에 숨어 있었으나, 정원 정비 중에 발견되어 보존하고 있다.

Ⓐ 糸島市二丈松国102 Ⓖ 33.51634, 130.17654
Ⓣ 092-325-2345 Ⓗ 10:00-일몰 Ⓤ cafe-seiyokan.com
Ⓜ Map → ④-E-4

사이폰식으로 우려낸 커피는 깊은 맛과 향을 즐길 수 있다. 서양관의 특제 바나나 케이크와 함께 맛보면 안성맞춤.

‘규슈대 학생들이 직접 리뉴얼한 공간’

가야가야몬 がやがや門

2005년부터 시작된 규슈대학교 九州大学의 이토 伊都 캠퍼스 이전 공사가 2018년 10월 드디어 마침표를 찍는다. 이토시마의 여러 시민 단체들은 규슈대 이전 공사가 시작됐을 때부터 부족한 학생 기숙사를 대체할 공간과 원주민과 이주민 그리고 노인과 청년이 교류할 수 있는 공간 마련을 위해 고심해 왔다. 그중에서도 이토시마 빈집 프로젝트 糸島空き家プロジェクト는 규슈대 학생들이 직접 고민가 리뉴얼 공사에 참여하는 의미 있는 프로젝트이다.

가야가야몬은 2013년, 이토시마 빈집 프로젝트가 진행한 두 번째 프로젝트로, 이토시마 주민들의 교류의 장을 만들고자 90년 된 고민가를 리뉴얼해 오픈했다. 지역 주민과 학생들이 매일 번갈아 가며 데일리 카페를 운영하고, 학생들이 기획한 행사를 진행하는 등 학생과 주민이 화합할 수 있는 공간으로 활용되고 있다.

Ⓐ 福岡市西区元岡1597 Ⓖ 33.59163, 130.22131
Ⓣ 092-807-1718 Ⓗ 홈페이지 참조
Ⓤ gayagayamon.jp Ⓜ Map → ③-C-1

이토시마 공방

4

PREVIEW

糸島の工房。

이토시마에 공방을 차리고 작품 활동을 하고 있는 아티스트들에게
왜 이토시마에 공방을 열었는지 물으면 열이면 열, 입을 모아 '이토시마는
영감을 주는 도시'라고 대답했다. 아름다운 자연에서 느껴지는 에너지,
그리고 이토시마 사람들의 자유로운 영혼. 그리고 그들을 응원하고
서포트해 주는 사회적 지원이 있었기에 지금의 '이토시마 아트'가 존재한다.

이토시마에 처음 도착했을 때 과연 이곳에 쇼핑할 만한 곳이 있을지 불안했다. 아기자기 귀여운 굿즈, 사용감이 좋은 편리한 생활용품, 몸을 편안하게 감싸는 내추럴한 의류… 과연 구매욕을 자극하는 제품을 찾을 수 있을까? 이러한 걱정은 기우에 불과했다. 아무것도 없을 줄 알았던 작은 마을에는 여기저기 보물 같은 곳들이 숨어 있었다. '공방 工房'. 이토시마에서는 아주 흔하게 마주치게 되는 간판이다.

이토시마 공방 역사의 시작

이토시마의 공방 역사는 상당히 오래됐다. 지금으로부터 30여 년 전, 도예 공방을 중심으로 아티스트들의 이주가 시작됐다. 당시 지역 주민들은 '대체 여기에 뭐가 있다고 공방을 낼까?' 하는 의문을 가졌다고. 여기에는 여러 가지 가설이 있지만, 가장 지배적인 것은 '문화 교류의 역사를 찾아서'라는 가설이다. 조금 먼 옛날 이야기이기는 하지만 약 2000년 전, 이토시마는 가야와의 문화 교류에 있어 현관문 역할을 했다(카야산 可也山, 케야 해변 등의 명칭에서 그 역사를 가늠할 수 있다). 이토시마로 온 아티스트들은 당시의 문화 교류의 흔적을 찾아, 그리고 과거 조상들이 얻었을 '예술적 영감'을 찾아 이곳으로 왔다는 것.

공방 마을이라는 수식어가 아깝지 않은 곳

이토시마 내 공방 수는 꾸준한 증가 추세를 띠고 있다. 이 작은 마을에 100여 곳이 있다니, 그 수치에 입이 떡 벌어진다. 재미있는 점은 또 있다. 보통 유명한 가마가 있는 마을에는 도예 공방이 모이고, 좋은 목재가 있는 마을에는 목공예 공방이 모여든다. 하지만 이토시마에는 도예를 비롯해 목공예, 가죽 등 다양한 장르의 공방이 있다. 전국 각지에서 기술을 배워 자신만의 공방을 '이토시마'에 내는 것. 아티스트들에게 사랑받는 공방 마을, 이토시마다.

이토시마의 공방이 대외적인 사랑을 받기까지

아티스트들이 사랑한 마을 이토시마. 그들이 이토시마를 떠나지 않고 안정적인 작품 활동을 할 수 있었던 데는 수많은 사람들의 노력이 있었다. 이토시마 핸드메이드 페스티벌과 크래프트 페어와 같은 행사가(p.102) 매년 개최되어 작가들의 이름을 알리는 데 힘썼다. 또한, 이토시마 응원 플라자와 코코노키 등은 단행본 출간, 프리페이퍼 배부를 비롯해 솔선수범 작가들을 홍보하고 그들의 제품을 판매하고 있다. 이러한 서포트를 기반으로 이토시마의 아티스트들은 이토시마에 대한, 사람들에 대한 감사의 마음을 담아 '메이드 인 이토시마'라는 작품이 탄생시켰다.

'이토시마에서 온 선물'

이토시마 생활×코코노키 糸島くらし×ここのき

이토시마에서 활동 중인 작가와 생산자 약 70여 명의 작품을 판매하는 셀렉트 숍. 목공예품, 도자기, 손수건과 같은 생활용품부터 쿠키, 로스팅 원두 등 식품류까지 한 데서 만나 볼 수 있다. 《이토시마 선물 수첩 糸島おくりもの帖》이라는 단행본을 출간하고, 분기별로 <숲과 살다 森と生きる>라는 목공예 관련 프리페이퍼를 제작해 배부하는 등 이토시마의 예술을 알리기 위해 노력하고 있다.

Ⓐ 糸島市前原中央3-9-1 Ⓖ 33.56047, 130.201 Ⓣ 092-321-1020
Ⓗ 10:00-19:00 화 휴무 Ⓤ www.coconoki.com Ⓜ Map → ③-A-3

PROFILE

Tetsuro Chijiiwa

Ⓝ 치지이와 테츠로 千々岩哲郎 Ⓙ 코코노키 오너

치지이와가 추천하는 이토시마 아티스트

1

나뭇잎 모양 그릇 ¥6500

2

원목 밥공기 ¥3500

3

머그잔 ¥2500

4

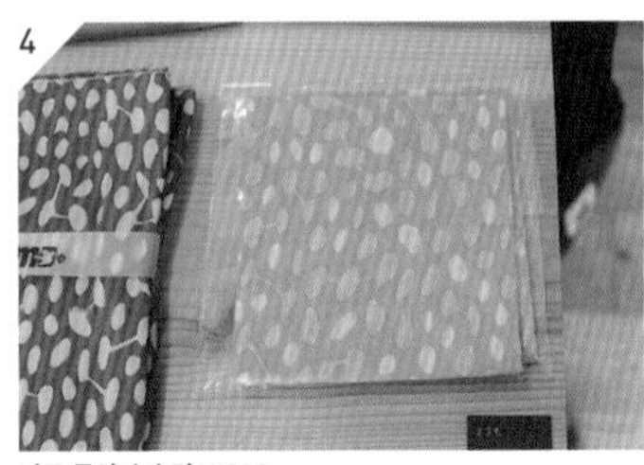

낫토 문양 손수건 ¥1200

1. 스기노키 크래프트 杉の木クラフト / 미조구치 신야
미조구치는 작품 생산에 있어 삼나무(스기노키)만을 고집한다. 이는 '비싼 목재로는 얼마든지 좋은 제품을 만들 수 있다. 하지만 저렴하고, 쉽게 손에 넣을 수 있는 삼나무로도 좋은 제품을 만들 수 있다는 것을 보여주고 싶다'라는 이유에서라고.

2. 공방 쿠모 工房 雲 / 오노데라 유키히로
자신의 그릇으로 인해 식사가 더욱 즐거워지길 기원하며 작품 하나하나에 정성을 쏟고 있다. 목공예를 메인으로 하지만, 다른 분야에도 관심이 많고 지식도 깊어 다른 작가와 컬래버레이션을 하는 등 인정받는 실력파.

3. 그릇과 수제 공방 켄 うつわと手仕事の店 研 / 츠루가 켄지
자타공인 이토시마 아티스트들의 대표이자 책임자인 츠루가 켄지는 심플하고 사용상 편의를 고려한 디자인을 추구한다. 이토시마 크래프트 페스티벌을 개최하는 등 이토시마 아티스트 지원에도 힘쓰는 인물이기도 하다.

4. 마쿠모 マクモ / 후쿠야마 미키, 아라키 토모타
후쿠야마 미키가 세운 텍스타일 디자인 공방. 원래는 디자인부터 염색, 제품 제작까지 혼자 도맡았지만, 현재 염색은 남편인 아라키 토모타가 대신하고 있다. 톡톡 튀는 아이디어의 디자인과 실크스크린 기법을 사용해 완성도 높게 마무리한 제품들이 눈길을 끈다.

PROFILE

James Dover

Ⓝ 제임스 도버 Ⓙ 도버 공방 오너, 아티스트

1972년, 시카고에서 태어나 시카고의 대학에서 미술을 전공하고 24살 무렵 하와이로 이주했다. 하와이를 중심으로 개인전을 열고 벽화, 영화무대 등의 제작에 참여하며 예술 활동 영역을 넓히다가 2000년, 우연히 도예를 배우기 위해 찾은 일본에서 정형화된 미술 교육 스타일을 보고 충격을 받았다. 2007년 정부의 아티스트 비자를 받은 그는 후쿠오카 다이묘에 그림교실을 열었다. 이후 이토시마의 이벤트에 무대그림을 제공한 것을 인연으로 2009년 이토시마의 150평 창고를 개조해 '도버 공방'을 오픈했다. 현재는 작품 활동과 동시에 이토시마와 다이묘, 두 곳에서 아트 스쿨 진행에도 전념하고 있다.

'자유로운 영혼의 이토시마 예술가들을 닮은 공간'
도버 DOVER

카리스마 아티스트 도버의 공방. 뚫려 있는 지붕 사이사이로 떨어지는 햇살이 스포트라이트처럼 공방 한쪽에 걸린 그의 작품들 비추고, 가게 곳곳에는 도버 감성으로 가득한 오리지널 가죽 잡화부터 디퓨저, 시계, 바스솔트 등의 잡화가 진열되어 있다. 정돈되지 않았지만 어수선하지 않은, 이토시마에 사는 자유로운 예술가들을 닮은 공간이다.
주말에는 공방 안쪽의 교육 공간에서 어린이들이 도버가 직접 영어로 가르치는 아트 스쿨에 참여한 모습을 볼 수 있다. 도버가 오랫동안 꿈꿔 온 '일본에 자유로운 아트 환경을 만들고 싶다'는 꿈이 실현되는 현장이다. 귀여운 도버 유니폼을 입고 진지하게 수업에 임하는 아이들의 모습이 사랑스럽다.

Ⓐ 糸島市志摩桜井4656-3
Ⓖ 33.62152, 130.19019 Ⓣ 092-327-3895
Ⓗ 12:00-17:00 화 휴무 Ⓤ doverartschool.com
Map → ①-B-2

이토시마 천혜의 자연을 맛보다

5

PREVIEW

糸島自然の恵みを味わう。

이토시마는 자연이 선물한 안전하고 맛있는 먹거리가 풍족한 축복의 마을이다. 이러한 자연의 선물을 신선하고 저렴하게 판매하는 직판장들은 '이토시마의 맛'을 지탱하는 든든한 버팀목이 되어 주고 있다. 생산자와 소비자 간 신뢰의 정점에 서 있는 이토시마의 직판장. 그곳에 가면 이토시마 고유의 식문화를 이해할 수 있다.

믿을 수 있는 먹거리를 찾아서

일본 국민들의 '먹을 것'에 대한 불신이 날이 갈수록 가중되고 있는 요즘, 안전성이 보장된 직판장이 뜨고 있다. 그중에서도 이토시마는 약 1700여 곳의 JA(일본 농협) 중 연간 매출 1위 자리를 고수하고 있는 '이토사이사이'를 필두로 10여 곳의 농축산물 직판장이 전국적인 관심을 불러모으고 있다.

이토시마에는 바다가 있고, 산이 있고, 밭이 있고, 논이 있다. 서울의 3분의 1밖에 되지 않는 작은 마을에 세상의 맛을 담을 수 있는 환경이 조성되어 있다. 거기에 더욱 맛있고 안전한 먹거리를 제공하기 위해 끊임없이 연구하고 개발하는 사람들의 노력이 더해져 '이토시마의 맛'이 완성됐다. 식자재 하나하나에 담긴 생산자의 마음과 노력을, 그리고 양손 가득 먹거리를 사서 돌아가는 사람들의 활기찬 기운을 느끼러 이토시마의 직판장에 가 보자.

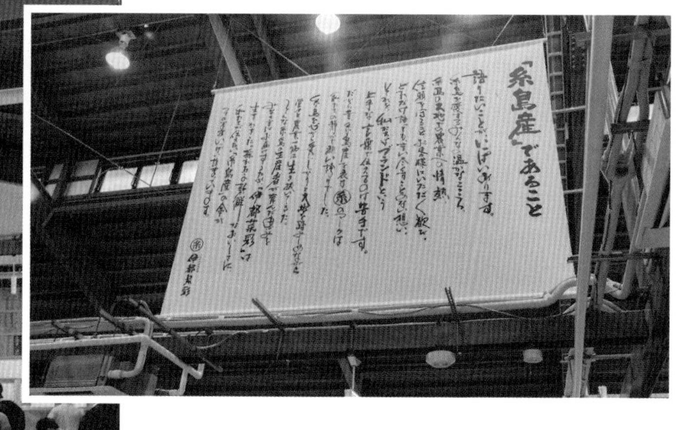

A.이토사이사이
伊都菜彩

이토시마 여행 내내 느긋했던 발걸음이 이곳에만 오면 한 아름 꽃다발을 들고 분주하게 장을 보는 로컬들 덕분에 바빠진다. 이곳은 생산자 수만 약 1600명에 달하는 이토시마의 대표 직판장. 직판장 왼편과 정면 벽에 붙어 있는 컬러풀한 명판들은 생산자들의 이름이다. 여기에는 자신들이 제공하는 먹거리에 대한 자부심과 소비자의 신뢰에 보답하겠다는 감사의 마음이 담겨 있다.

직판장에는 꽃을 파는 코너부터 채소, 과일, 축산물, 해산물, 가공품, 도시락 등 없는 것이 없다. 가게 한쪽에 있는 아이스크림 코너는 아이와 함께 찾은 부모들로 항상 붐빈다. 직판장에서 나와 오른쪽으로 돌아가면 구입한 도시락과 함께 우동을 맛볼 수 있는 식당이 있다.

B. 니기야카나하루 にぎやかな春

평사 사육으로 기른 닭이 낳은 신선한 달걀 츠만데고란 つまんでご卵과 채소, 유제품, 조미료 등을 판매하는 직판장. 달걀노른자를 손가락으로 집어도 터지지 않을 정도로 신선하다는 이름의 츠만데고란은 비린내가 없고 고소한 맛이 특징. 직판장 안쪽에는 아침에 갓 낳은 신선한 달걀을 밥 위에 얹어 주는 달걀덮밥을 맛볼 수 있다. 길 건너편에 있는 츠만데고란 케이크 공방에서는 이토시마 3대 푸딩 중 하나인 달걀 푸딩(p.077)과 롤케이크, 파르페 등을 판매한다.

C. JF이토시마 시마노시키 JF糸島 志摩の四季

시마 중앙공원 옆에 위치한 직판장으로 300여 명의 어부가 등록되어 있는 어업협동조합의 직영점이다. 매일 새벽 농수산물을 들여오기 때문에 신선하고 가격이 저렴하다. 좋은 물건을 찾으려는 사람들로 언제나 인산인해를 이루기 때문에 아침 일찍 방문할 것을 추천. 금강산도 식후경, 직판장 안쪽 끝 구석에는 해물 덮밥도 맛보자.

DIRECT OUTLET

A

이토사이사이
伊都菜彩

Ⓐ 糸島市波多江567
Ⓖ 33.55594, 130.22828 Ⓣ 092-324-3131
Ⓗ 09:00-18:00 연시 휴무
Ⓤ www.ja-itoshima.or.jp
Ⓜ Map → ③-A-4

DIRECT OUTLET

B

니기야카나하루
にぎやかな春

Ⓐ 糸島市志摩桜井4767
Ⓖ 33.62423, 130.18553 Ⓣ 092-327-2540
Ⓗ 09:00-18:00
Ⓤ www.natural-egg.co.jp
Ⓜ Map → ①-B-1

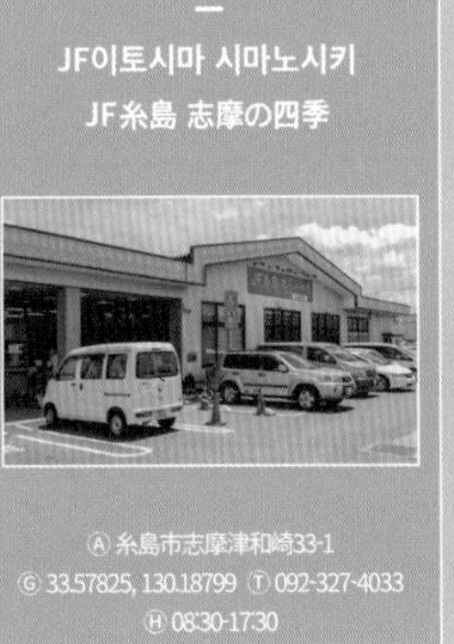

DIRECT OUTLET

C

JF이토시마 시마노시키
JF糸島 志摩の四季

Ⓐ 糸島市志摩津和崎33-1
Ⓖ 33.57825, 130.18799 Ⓣ 092-327-4033
Ⓗ 08:30-17:30
Ⓤ www.shimanoshiki.jp
Ⓜ Map → ②-E-4

DIRECT OUTLET

D

이토시마 팜 하우스
糸島ファームハウス

Ⓐ 糸島市志摩桜井5134-1
Ⓖ 33.62699, 130.18486 Ⓣ 092-327-3505
Ⓗ 09:00-18:00
Ⓤ www.itoshima-farmhouse.com
Ⓜ Map → ①-B-1

D. 이토시마 팜 하우스
糸島ファームハウス

제철 농산물을 판매하는 직판장. 대표 상품은 평사 사육 방식으로 기른 닭이 생산한 신선한 달걀, 천상란 天上卵이다. 천상란을 사용해 만들어 부드럽고 달콤한 롤케이크와 푸딩은 남녀노소 불문하고 사랑받는 인기 상품. 직판장 옆 비닐하우스에서는 바비큐가 가능하며 겨울에는 굴구이도 즐길 수 있다. 블루베리와 감자 수확 농장체험도 가능하다.

SPOTS TO GO

첫 이토시마 여행, 우리를 안내해 주는 지표는 '후쿠오카현 54번 현도'이다. 이 길을 따라 푸른 바다 위 하얀 도리이와 부부 바위가 서 있는 후타미가우라에 도달하면 이제 이토시마 여행을 시작하면 된다. 그저 굽이굽이 이어지는 해안 길을 따라, 마음 가는 대로 이토시마의 풍경을 두 눈에 담자.

54번 현도를 따라 이토시마 드라이빙

ドライブ。

이마주쿠역에서 논길과 작은 마을을 지나 달리다 보면 푸른 바다를 끼고 구불구불 이어지는 해안 도로가 나타난다. 이토시마를 껴안듯 둘러싸고 있는 이 도로는 후쿠오카현의 54번 현도. 이 길을 따라가면 그 어디서도 본 적 없는 일본의 일상적인 풍경과 이국적인 풍경의 조화를 만날 수 있다.

A. 이마주쿠역
B. 후타미가우라
C. 지쿠젠마에바루역
■ 선셋 로드
■ 54번 현도

선셋 로드의 매직 아워

54번 현도 중 후타미가우라부터 마에바루센가와 前原泉川 하구까지 이어지는 33.3km의 해안 도로는 선셋 로드라는 애칭으로 불린다. 길을 따라 여기저기 서 있는 하와이안풍 목조 건물들과 서프보드를 옆에 끼고 도로변을 걷는 로컬들의 모습은 잠시 이곳이 일본이라는 사실을 잊게 한다. 또한, 후타미가우라는 일본 석양 100선에 선정될 정도로 석양이 아름다운 스폿. 일몰 시각에 맞춰 선셋 로드를 굽이굽이 달리다 보면 지는 해가 차 안까지 붉은 손을 뻗는 신비로운 매직 아워를 경험할 수 있다.

이토시마의 매력이 응축되어 있는 54번 현도

이마주쿠역부터 이토시마 반도의 최북단 해안 도로를 지나 지쿠젠마에바루역까지 이어지는 후쿠오카현 54번 현도. 이 현도를 따라가다 보면 재미있는 풍경들과 마주하게 된다. 논밭 옆으로 나 있는 시골길이라고 생각했는데, 갑자기 공방이 나오고, 예쁜 카페가 따라오고, 푸른 바다 옆 힙한 로컬들의 성지가 나타난다. 구불구불한 길을 따라, 신비로에 홀린 듯 달리다 보면 어느새 마법에서 풀린 듯 일본 소도시에서 흔히 만날 수 있는 작은 역이 나타난다. 이것이 바로 이토시마의 핵심 드라이빙 코스, 54번 현도다.

후타미가우라는 지극히 일본적인 색채에 휴양지의 모습이 덧입혀진 해안이다. 후타미가우라의 앞바다, 겐카이나다 玄界灘 위로 불룩 솟아오른 부부 바위와 그 앞을 지켜 선 하얀색 도리이, 그리고 해수면을 가르는 서퍼와 해안의 세련된 가게들까지… 이러한 이질적인 요소들이 하나 되어 유일무이한 분위기를 자아내고 있기에 후타미가우라는 특별하다.

FUTAMIGAURA BEST PHOTO SPOTS

Ⓐ 후타미가우라 메모리얼 파크 二見ヶ浦公園聖地

부부 바위 정면에 있는 언덕길을 따라가면 후타미가우라 메모리얼 파크의 널따란 공원이 나온다. 이곳에서 선셋 로드와 후타미가우라 해안을 배경으로 사진을 찍어 보자.

Ⓖ 33.63672, 130.1968
Ⓣ 08:00-17:00

Ⓑ 선셋 카페 작은 집 Sunset Cafe 小屋

선셋 카페 앞에 있는 작은 나무집 구조물은 이토시마를 대표하는 SNS 성지이다. 해 질 녘 역광으로 무드 있게 찰칵!

Ⓖ 33.63672, 130.1968
Ⓣ 08:00-17:00

Ⓒ 팜 비치 더 가든 천사의 날개 Palm Beach the Gardens 天使の羽

팜 비치 더 가든 중 알파치노가 있는 건물에서 해안 쪽으로 내려가면 만날 수 있는 천사의 날개 벽화. 사진을 찍으려는 사람들로 언제나 대기 줄이 생긴다.

Ⓖ 33.643368, 130.201524

01 서프 사이드 카페
02 알파치노
03 나미헤이
04 팜 비치 레스토랑
05 선셋 카페
06 비치 스토어
07 호나 카페
08 나프 카페
09 리노 카페
10 비스트로 & 카페 타임

SPOT 01

夫婦岩
부부 바위

부부 바위를 잇는 대금줄은 매년 4월 새것으로 교체된다.

단연 이토시마의 심볼이라고 할 수 있는 부부 바위. 해안에서 봤을 때 왼쪽이 아내 바위(높이 11.2m), 오른쪽이 남편 바위(11.8m)이다. 두 바위는 길이 30m, 무게 1t에 달하는 대금줄로 이어져 있다. 연인 관계, 부부 금실에 좋은 영향을 준다고 하여 이곳을 배경으로 인증 샷을 찍는 커플이 많다.

Ⓐ 糸島市志摩桜井3777
Ⓖ 33.64049, 130.19648 Ⓜ Map → ①-C-2

PLUS

櫻井神社 사쿠라이 신사

부부 바위 앞 하얀색 도리이는 사쿠라이 신사로 향하는 문으로, 일대가 사쿠라이 신사의 사지(신사가 영유하는 지역)이다. 부부 바위에서 사쿠라이 신사까지는 차로 약 3분. 좁다란 산길을 따라 오르면 오래되었지만, 낡지 않고 세월을 당당하게 갈무리해 가며 서 있는 신사가 나온다. 연을 맺어주는 신사답게 결혼식 장소로도 인기가 좋다.

Ⓐ 糸島市志摩桜井 4227
Ⓖ 33.62832, 130.19203 Ⓣ 092-327-0317
Ⓗ 24시간 Ⓤ sakuraijinja.com
Ⓜ Map ①-B-2

SPOT 02

Palm Beach the Gardens
팜 비치 더 가든

네 개 숍이 한데 자리한 복합 공간으로 카페, 아이스크림 가게, 레스토랑 등이 있으며, 서프웨어 전문점, 잡화점 등 기간 한정 숍도 주기적으로 오픈한다. 올드 하와이안 풍의 건물과 후타미가우라의 해안이 만들어 내는 분위기가 매혹적이다. 선셋 카페(p.052)와 함께 이토시마의 로컬 해변 문화를 만드는 데 이바지하고 있다.

Ⓐ 福岡市西区西浦285
Ⓖ 33.64343, 130.20158
Ⓣ 092-475-2600
Ⓗ pb-gardens.com
Ⓜ Map → ①-C-2

PALM BEACH THE GARDENS

A.

SURF SIDE CAFE 서프 사이드 카페

후타미가우라 해안을 내려다보며 쉬어 갈 수 있는 카페. 하와이안풍의 건물 외관과 내부 인테리어가 매력적이다. 가볍게 맛볼 수 있는 경양식부터 사이드 메뉴, 음료가 준비되어 있다.

Ⓐ 福岡市西区西浦285 Ⓖ 33.6436, 130.20163
Ⓣ 092-809-1507 Ⓗ 11:00-일몰
Ⓟ 커피 ¥400 주스 ¥450
Ⓤ pb-gardens.com/surfside

B.

PALM BEACH RESTAURANT 팜 비치 레스토랑

느긋한 공간과 맛있는 요리 제공에 열과 성의를 기울이는 레스토랑. 오직 이토시마의 식자재를 사용한 요리만을 선보인다. 또한, 애피타이저부터 디저트까지 모든 요리를 이곳에서 개발하고 만든다.

Ⓐ 福岡市西区西浦286 Ⓖ 33.64278, 130.20179
Ⓣ 092-809-1660 Ⓗ 11:00-21:00(L.O 20:00)
Ⓟ 까르보나라 ¥1600 레어 치즈케이크 ¥700

C.

ALPACINO 알파치노

14종의 이탈리안 젤라토를 판매하는 곳으로, 계절별로 메뉴 3-4종을 새로 개발하여 선보이고 있다. 핑크빛의 실내와 후타미가우라가 시원하게 내다보이는 테라스 석 모두 인기다. 젤라토 외에 이탈리아 커피 브랜드 illy의 에스프레소, 카페라떼 등도 맛볼 수 있다.

Ⓐ 福岡市西区西浦285-A Ⓖ 33.64337, 130.20178
Ⓣ 092-809-1525 Ⓗ 11:00-일몰
Ⓟ 젤라토 싱글 ¥380 카페라떼 ¥430

D.

波平 나미헤이

서프 사이드 카페에서 더 안쪽으로 들어가면 나오는 산오징어회 전문점. 가게 바로 옆에 있는 니시우라 西浦 어항에서 들여온 산오징어를 제공한다. 또한, 모든 좌석에서 후타미가우라 해안을 바라보며 식사할 수 있다.

Ⓐ 福岡市西区西浦285-C Ⓖ 33.64397, 130.20132 Ⓣ 092-809-1533
Ⓗ 월-금 11:00-21:00(L.O 20:00) 토 · 일, 공휴일 10:00-21:00(L.O 20:00)

SPOT 03

Sunset Cafe
선셋 카페

1990년 후타미가우라에 오픈한 카페 레스토랑으로 이토시마의 로컬 해변 문화를 이끌어가고 있는 핵심 스폿이기도 하다. 이토시마의 매력을 100% 느낄 수 있도록 이토시마의 식자재를 사용한 음식과 음료를 제공할 뿐만 아니라, 매년 9월 '선셋 라이브'라는 뮤직 페스티벌을 개최한다.

Ⓐ 福岡市西区西浦284
Ⓖ 33.64198, 130.20164
Ⓣ 092-809-2937
Ⓗ 11:00-22:00(L.O 21:00) 목, 세 번째 수요일 휴무
Ⓟ 이토시마 와규 미트소스 파스타 ¥1980
Ⓜ Map → ①-C-2

선셋 카페 길 건너편에 있는 후타미가우라 대표 포토 스폿

PLUS

BEACH STORE
비치 스토어

로컬이 모여드는 서핑 숍. 매년 선셋 라이브가 열리는 시기에 맞춰 패들보드 대회인 '와이와이컵 WAIWAICUP'을 개최하며 이토시마의 로컬 해변 문화를 만드는 데 기여하고 있다. 서프보드 대여 및 서핑 스쿨을 실시하고, 서퍼들을 대상으로 바도 운영한다.

Ⓐ 福岡市西区小田2137-1
Ⓖ 33.64202, 130.20117
Ⓣ 092-809-2000
Ⓗ 여름철 10:00-18:00 겨울철 10:00-17:00
Ⓤ www.facebook.com/fukuoka.beachstore
Ⓜ Map → ①-C-2

SPOT 04

Hona Cafe
호나 카페

하얀색 파라솔 아래 테라스 석에 앉아 후타미가우라 해안을 내려다보며 식사할 수 있는 카페. 사실 테라스 석뿐만 아니라, 리조트 느낌 물씬 풍기는 실내도 인상적이다. 음식은 하와이안 로코모코부터 두툼한 팬케이크까지 하와이를 담은 메뉴로 가득하다.

Ⓐ 福岡市西区小田2200-1 Ⓖ 33.6402, 130.20005
Ⓣ 092-809-2633 Ⓗ 11:00-20:00
Ⓟ 철판구이 로코모코 ¥1000 팬케이크 ¥1200부터
Ⓤ honacafe-itoshima.owst.jp Ⓜ Map → ①-C-2

SPOT 05

Ⓐ 福岡市西区小田2206-14 Ⓖ 33.63975, 130.19887
Ⓣ 092-809-2692 Ⓗ 11:30-일몰
Ⓟ 스위츠 ¥550 스위츠+음료 세트 ¥700
Ⓜ Map → ①-C-2

Nap Cafe
나프 카페

파란색 컨테이너로 만들어진 작은 카페로, 들어서는 순간 후타미가우라의 다른 카페들과는 다른 '날 것'의 인상을 받는다. 서퍼들의 아지트 같은 분위기의 재미있는 공간이며, 큰 창 너머로 그 어떤 곳보다도 부부 바위가 가까이 보인다.

SPOT 06

Bistro & Cafe TIME
비스트로 & 카페 타임

부부 바위 근처와는 또 다른 느낌의 후타미가우라를 즐길 수 있는 곳이다. 바로 옆 널찍한 공영 주차장에 차를 세우고 내리면 돌로 만들어진 거대한 도리이가 맞이하고 그 안으로 홀로 서 있는 비스트로 & 카페 타임이 보인다. 음식 맛은 보통이라는 평이 많지만 여유로운 해안선을 감상하며 멍 때리기에는 이만한 곳도 없다.

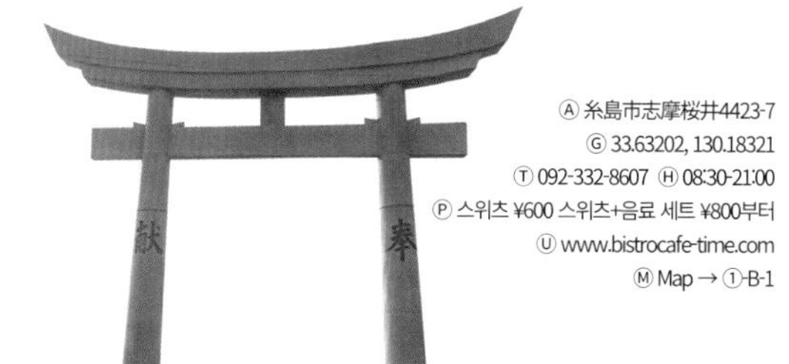

Ⓐ 糸島市志摩桜井4423-7
Ⓖ 33.63202, 130.18321
Ⓣ 092-332-8607 Ⓗ 08:30-21:00
Ⓟ 스위츠 ¥600 스위츠+음료 세트 ¥800부터
Ⓤ www.bistrocafe-time.com
Ⓜ Map → ①-B-1

SPOT 07

LINO CAFE
리노 카페

이토시마의 자연에서 얻은 식자재를 사용해 맛있는 디저트를 만드는 카페. 디저트류 외에도 커피, 홍차, 주스, 젤라토 등의 메뉴도 있다. 가게 한편에서는 '노조미 마을 のぞみの里'이라는 사회복지법인과 연계하여 에코 비누, 잡화 등을 판매하고 있으니 눈여겨 볼 것.

농후한 맛의 젤라토에
공방에서 제작한 쿠키를 토핑

Ⓐ 糸島市志摩桜井4407
Ⓖ 33.63302, 130.18737 Ⓣ 092-332-8607
Ⓗ 11:00-18:00 화 휴무
Ⓟ 머핀 ¥130 커피 M ¥280 젤라또 ¥350
Ⓤ lino-cafe.com
Ⓜ Map → ①-B-1

link

TF 서프보드 오스트리아(p.061)

서프보드와 웻 슈트 렌털 서비스를 제공하는 서핑 숍. 서핑과 서프 요가 수업도 진행한다.

(NOGITA & KEYA BEACH)

노기타 & 케야 해안

02

野北·芥屋海岸

Spots to go

"파도에 부서지는 햇살과 그 햇살에 올라탄 서퍼들의 화려한 몸짓.
이 아름다움은 뜨거운 일몰을 맞이하며 절정에 이른다."

니기노하마 幣の浜라고 불리는 약 6km의 케야-노기타 해안은 '일본의 아름다운 해변 100선'에 선정된 멋진 풍광을 자랑한다. 그리고 삼삼오오 라인업 위에 둥둥 떠 자신의 차례를 기다리는 서퍼들. 그들이 있기에 이곳의 매력이 완성된다.

노기타 해안 野北海岸

Ⓐ 糸島市志摩野北
Ⓖ 33.60827, 130.16095 Ⓜ Map → ②-F-3

런던 버스 카페 옆 샛길을 통해 나무 울타리를 지나면 시원하게 뻗은 노기타 해안이 보인다. 모래사장에 서서 강사의 설명에 귀 기울이는 초심자부터 이제는 제법 당당한 표정으로 라이업 위에서 파도를 기다리는 중급 서퍼들까지 다양한 표정의 서퍼들을 만날 수 있다. 근처 서핑 숍에서는 서프보드와 웻 슈트 일체를 대여해 주는 서핑 스쿨을 진행하고 있어 '인생 첫 서핑'을 경험하기에 제격이다.

01 런던 버스 카페
02 커렌트
03 미션 서프
04 오하나
05 히노데
06 비치 54
07 나티 드레드
08 H1 서프

London Bus Cafe
런던 버스 카페

SNS 인증 샷 포인트로 가장 핫한 곳 중 하나. 글루미한 런던을 벗어나 푸른 하늘 아래, 쪽빛 바다 앞으로 자리 잡은 빨간 런던 버스 카페. 음료를 사 들고 2층 자리에 앉아 멍하니 서퍼들의 움직임만 눈으로 좇아도 그냥, 좋다.

Ⓐ 糸島市志摩野北2289-6 Ⓖ 33.6089, 130.1614
Ⓗ 11:00-일몰 부정기 휴무 Ⓟ 커피 ￥400 맥주 ￥400
Ⓤ www.facebook.com/itoshima.londonbuscafe
Ⓜ Map → ②-F-3

SPOT 02

HINODE
히노데

노기타 해안 앞 로그하우스풍의 건물에 빨간색 로고가 인상적인 이곳이 바로 히노데다. 타코스, 타코 라이스, 카레, 탄두리 치킨 등의 메뉴가 있는데 가장 인기 있는 것은 타코스. 바다가 보이는 테라스 석에서 먹어도 좋지만 테이크아웃해서 해변에서 먹으면 더욱 맛있다. 히노데 카페 음악 라이브, 히노데 마켓 등 주기적으로 이벤트도 열고 있으니 홈페이지를 체크해 보자.

Ⓐ 糸島市志摩野北2457 Ⓖ 33.60753, 130.16074
Ⓣ 092-327-3046 Ⓗ 11:00-일몰 목 휴무
Ⓟ 스페셜 타코스 ¥650 스페셜 현미 타코 라이스 ¥800
Ⓤ itoshima-hinode.com Ⓜ Map → ②-F-3

시간이 있다면 여기도

비치 54 BEACH 54

히노데와 같은 부지 안에 위치한 잡화점. 서핑 숍처럼 보이지만 오리지널 디자인 티셔츠를 비롯해 액세서리, 그릇 등 장르 불문, 오너의 취향이 느껴지는 상품으로 가득하다.

Ⓐ 糸島市志摩野北2457-1
Ⓖ 33.60712, 130.16027 Ⓣ 050-1114-2596
Ⓗ 화 09:00-17:00 금-월 10:00-19:00 수 · 목 휴무
Ⓤ www.facebook.com/BEACH54ssm
Ⓜ Map → ②-F-3

SPOT 03

NATTY DREAD
나티 드레드

노기타 해안 앞 북적임에서 벗어나 서쪽으로 이동하다 보면 목조선처럼 생긴 희한한 외관의 가게가 눈길을 끈다. 여행자뿐만 아니라 로컬에게도 사랑받는 햄버거 전문점으로 스파이시한 매력의 햄버거와 함께 들이켜는 맥주 한 잔은 '노기타'의 매력을 고스란히 경험할 수 있는 맛이다. 스피커에서 흘러나오는 레게 음악도 이곳의 매력을 배가시킨다.

Ⓐ 糸島市志摩野北2708-17
Ⓖ 33.60215, 130.15626
Ⓗ 12:00-20:00 수 휴무
Ⓟ 햄버거 ¥550부터
Ⓜ Map → ②-F-3

시간이 있다면 여기도

bbb 하우스 bbb haus

베드, 브렉퍼스트, 비치가 있는 BBB(쓰리 비) 하우스. 잡화와 인테리어 용품을 통해 더욱 풍성한 삶은 제안하고, 한발 더 나아가 그 삶을 잠시나마 체험해 볼 수 있는 숙박 시스템(p.109)도 진행하고 있다.

Ⓐ 糸島市志摩小金丸1897
Ⓖ 33.59413, 130.14817 Ⓣ 092-327-8020
Ⓗ 잡화점 11:00-18:30 다이닝룸 런치 11:30-14:30 디너 18:00-21:30 월 · 화 휴무
Ⓤ www.bbbhaus.com
Ⓜ Map → ②-F-3

SPOT 04

おはな
오하나

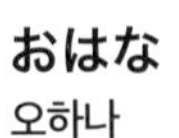

이토시마의 신선한 식자재를 사용한 요리를 제공하는 레스토랑. 오전 11시부터 오후 5시 사이에 한해 정갈한 일본 가정식을 맛볼 수 있다. 오후 4시 이후에는 바비큐 예약만 받는데, 서핑을 마치고 고기를 구워 먹기 위해 찾는 사람들이 많다. 또한, 캠핑장도 갖추고 있으며 텐트 렌털도 가능해 이토시마 해안에서 간편하게 캠핑을 즐기고 싶다면 문의해 보자.

Ⓐ 糸島市志摩野北2461-2 Ⓖ 33.6077, 130.16136 Ⓣ 092-327-1117 Ⓗ 11:00~17:00(L.O 16:00) 화, 첫 번째 수요일 휴무
Ⓟ 이토시마 세트 ¥2100 바비큐 코스 1인 ¥3200 캠핑 1인 ¥1500 텐트 렌털 ¥1000 Ⓤ flower-villege.com Ⓜ Map → ②-F-3

LINK

 미션 서프 Misson Surf (p.061)
 H1 서프 H1 Surf (p.061)
 커렌트 Current (p.082)

케야 해안 芥屋海岸

Ⓐ 糸島市志摩芥屋
Ⓖ 33.58965, 130.12616 Ⓜ Map → ②-E-2

케야 해안 근처 무료 공영 주차장은 파도가 높은 날이면 서프보드를 실은 차들이 줄지어 들어온다. 옆구리에 '마이 서프보드'를 끼고 웻 슈트까지 풀장착한 고수의 냄새를 풍기는 로컬 서퍼들이 즐겨 찾는 케야 해안은 서핑 스폿이 수 킬로미터에 걸쳐 있어 그 어떤 곳보다 여유롭게 서핑할 수 있는 곳으로 사랑받고 있다.

SPOT 01

芥屋海水浴場
케야 해수욕장

후쿠오카현에서 유일하게 환경청이 인정한 '일본의 쾌적 해수욕장 100선'에 선정된 곳이다. 해안을 둘러싼 지붕이 있는 평상이 인상적인데, 이곳들은 모두 '자릿세'를 받는다. 성인 1인 기준 평일 1200엔, 주말 1500엔 정도의 이용료를 내면 평상을 비롯해 바비큐 시설과 주방, 주차장 등의 시설을 무료로 이용할 수 있다.

Ⓐ 糸島市志摩芥屋
Ⓖ 33.58563, 130.1086
Ⓜ Map → ②-E-1

PLUS

芥屋の大門納涼花火大会
케야노오토 노료 불꽃 축제

매년 7월 케야 해수욕장에서 열리는 불꽃 축제로 4000발의 불꽃을 쏘아 올린다. 노점상이 도로 가득 늘어서고, 유카타를 곱게 차려입은 사람들이 해변을 채워 축제 분위기가 고조된다.

LINK

Ⓐ 케야노오토 芥屋の大門 (p.059)
Ⓑ 코코페리 ココペリ (p.079)
Ⓒ 더블 더블 퍼니처 DOUBLE=DOUBLE FURNITURE (p.094)

SPOT 02

Loiter Market
로이터 마켓

이토시마 피크닉 빌리지에서 케야 해안으로 향하다 보면 공터에 서 있는 작은 반짝반짝 은색의 캠핑카가 보인다. 이토시마의 오가닉 식자재를 사용해 만든 약 10여 종의 젤라토를 맛볼 수 있는 곳으로 오너가 가장 추천하는 메뉴는 피스타치오다. 가게 옆에 채소를 파는 작은 공간이 있는데, 공터를 제공해 준 땅 주인이 직접 키운 채소라고.

Ⓐ 糸島市志摩芥屋94-3
Ⓖ 33.58846, 130.12018
Ⓣ 090-5298-3851
Ⓗ 월~금 12:00~17:00 토·일, 공휴일 11:00~18:00
Ⓟ 싱글 ¥300부터 Ⓤ loiter-market.com
Ⓜ Map → ②-E-2

SPOT 03

ITOSHIMA PICNIC VILLAGE
이토시마 피크닉 빌리지

2년 전 지역을 활성화하기 위해 나카무라 신야를 중심으로 이토시마를 사랑하는 지역 출신 젊은이들이 모여 각각 개성 있는 가게를 오픈했다. 매달 두 번째 일요일에 아오조라 마르쉐가 열리며 이토시마 예술, 음악 등 이벤트를 개최한다.

Ⓐ 糸島市志摩芥屋741-1
Ⓖ 33.59377, 130.10975
Ⓣ 080-8377-7420
Ⓗ peraichi.com/landing_pages/view/itoshimapicnicvillage
Ⓜ Map → ②-F-1

ITOSHIMA PICNIC VILLAGE

A. 大門茶屋 いろり
다이몬차야 이로리

이토시마 피크닉 빌리지 촌장인 나카무라 신야가 운영하는 카페 레스토랑 일본 농가 등에서 사용하는 전통 난로인 이로리가 입구 앞에 멋스럽게 서 있다. 바로 튀겨낸 닭튀김을 맛볼 수 있는 카라아게 정식 から揚げ定食과 12종류의 생선이 올려진 해물 덮밥 카이센주 海鮮重가 인기 메뉴다.

Ⓣ 080-8377-7420 Ⓗ 11:00-18:00 수 휴무
Ⓟ 카라아게 정식 ¥650 카이센주 ¥1080

B. 蓮の実 アパートメント
하스노미 아파트먼트

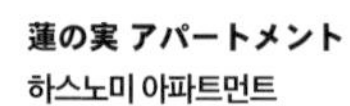

세계 각지의 아름다운 크리스털, 천연석, 액세서리, 편안한 천연소재 드레스 등을 판매하는 셀렉트 숍. 이토시마 작가의 손을 거친 생활잡화도 있다. 크리스털 워크숍도 열린다.

Ⓣ 080-5503-0980
Ⓗ 11:00-17:00 월-목 휴무

C. 110west.inc
원텐 웨스트 닷 인크

이토시마산 딸기, 토마토, 레몬 등을 사용한 드라이 후르츠와 음료를 파는 곳. 귀여운 캠핑카 안에 두 명이 앉을 수 있는 테이블이 있고, 야외 파라솔 좌석도 있다. 아마자케 위에 믹스 드라이후르츠가 올려진 프레바 아마자케 フレーバーあまざけ는 달콤하고 씹는 순간 과일 향이 입안 가득 퍼진다.

Ⓣ 090-5282-4981
Ⓗ 11:00-17:00 월-금 휴무
Ⓟ 프레바 아마자케 ¥500 딸기 드라이후르츠 ¥600

D. Crown coffee
크라운 커피

페인팅 작품을 감상하며 향긋한 커피 한 잔을 즐길 수 있는 컨테이너 카페. 여러 작가의 작품을 전시, 판매한다. 매달 두 번째 일요일 열리는 아오조라 마르쉐에서는 라이브 페인팅 이벤트를 진행한다.

Ⓗ 11:00-18:00 부정기 휴무
Ⓟ 핸드 드립 커피 ¥400

糸島のアクティビティー

ITOSHIMA ACTIVITY

이토시마 자연 만끽 액티비티

케야노오토 안까지 들어가 보는 유람선 투어부터 소멘나가시, 산천어 낚시 체험으로 유명한 시라이토 폭포, 해안이 내려다보이는 트레킹 코스 타테이시야마까지 이토시마의 자연을 가장 가까이서 만끽할 수 있는 액태비티 프로그램들을 준비했다.

芥屋の大門遊覧船ツアー
케야노오토 유람선 투어

Ⓐ 糸島市志摩芥屋677 Ⓖ 33.5966, 130.10769 Ⓣ 092-328-2012 Ⓗ 홈페이지 참조
Ⓟ 투어 요금 ¥700 Ⓤ www.keyaotokankousha.jp Ⓜ Map → ②-E-1

케야노오토는 높이 64m, 안길이 90m의 주상절리 동굴로 일본 3대 현무동의 하나로 손꼽힌다. 그 모습이 마치 바다를 향해 열려 있는 문처럼 보여 케야의 대문(케야노오토)이라고 이름 지어졌다. 케야노오토 유람선 투어는 이러한 케야노오토를 정면에서 만날 수 있는 유일한 방법! 시간에 맞춰 선착장 바로 옆에 있는 티켓 판매소에서 표를 구입하고 순서대로 약 25명이 탑승할 수 있는 작은 유람선에 올라탄다. 날이 좋으면 베테랑 선장이 케야노오토 안까지 안내해 준다.

PLUS

玄海国定公園
겐카이 국정공원

이토시마 피크닉 빌리지에서 케야노오토 방향으로 걸어가면 바다를 향해 나 있는 거대 도리이와 그 옆으로 겐카이 국정공원 전망대로 올라가는 입구가 나온다. 마치 <이웃집 토토로>에 나오는 풍경처럼 신비로운 숲길을 따라 올라보자.

Ⓐ 糸島市志摩芥屋675
Ⓖ 33.59508, 130.10965 Ⓜ Map → ②-F-1

白糸の滝 ふれあいの里
시라이토 폭포 만남의 마을

시라이토 폭포는 낙차 24m의 폭포로 그 모습이 다이나믹하면서도 한편으로는 시라이토, 즉 흰 실이 흘러내리는 모습처럼 부드럽다. 폭포 주변 만남의 마을에는 산천어를 직접 낚아 맛볼 수 있는 식당과 소멘나가시 そうめん流し(흐르는 물에 국수를 흘려 먹는 것) 코너가 있다. 7월 초부터 9월 사이에는 10만 송이의 수국이 만개한다.

Ⓐ 糸島市白糸 Ⓖ 33.48074, 130.17517
Ⓣ 092-323-2114 Ⓗ 09:00-17:00
Ⓟ 산천어 낚시 체험 ¥2000 소멘나가시 ¥400
Ⓜ Map → ④-D-4

立石山トレッキング
타테이시야마 트레킹

Ⓐ 糸島市志摩芥屋3793
Ⓖ 33.58449, 130.10619 Ⓜ Map → ②-E-1

해안 바로 옆에 있는 암산 岩山이다. 바닷가에서 시작되는 트레킹 코스를 따라 숲길, 암릉 등 풍부한 매력을 느끼며 걷다 보면 40-50분 만에 정상까지 오를 수 있다. 정상에서는 케야노오토와 니기노하마가 한눈에 내려다보이는 장관이 펼쳐진다. 케야 제1, 2 주차장에 차를 세우고 바다를 오른편에 두고 걷다 보면 타테이시야마 등산구 立石山登山口가 나온다. 산세가 험한 곳은 아니지만, 암산이니 반드시 미끄럼방지 운동화를 신고 올라가야 한다.

糸島でサーフィン

ITOSHIMA SURF

iTOSHiMA SURFiNG POiNT

이토시마 서핑 포인트

芥屋 케야

비치 타입의 포인트. 좌우로 4km 가량 뻗어 있는 해안 전체에서 서핑이 가능하며 파도도 자주 온다. 기본적으로는 초심자도 어려움 없이 탈 수 있지만 샌드바가 형성된 부분에서는 로컬이나 상급자가 즐기기 좋은 파워풀한 파도가 발생하는 포인트이기도 하다. 근처에 대형 무료 주차장이 있으니 주변 서핑 숍에서 용품을 대여해 와서 자유롭게 즐길 것을 추천한다.

- Ⓛ 초심자~상급자
- Ⓟ 주차 무료
- Ⓢ 샤워시설 없음
- Ⓖ 33.58849, 130.12431(주차장)

野北 노기타

바다 위에 얕게 떠 있는 돌섬을 중심으로 넓은 비치 브레이크가 펼쳐진다. 꽤 먼 바다까지 수심이 얕아 초심자나 롱보드에 적합한 포인트이지만 곳곳에 리프 지형이 숨어 있어 주의가 필요한 구간이기도 하다. 근처에 무료 주차장이 있는데 공간이 협소해 사실상 이용하기 힘들다. 주변 서핑 숍에서 서핑용품을 대여하거나 강습을 받으면 주차장을 이용할 수 있으며, 그 외 대형 유료주차장도 여러 곳 있다.

- Ⓛ 초심자~중급자
- Ⓟ 주차 유료(1일 ¥500부터)
- Ⓢ 샤워시설 있음(유료)
- Ⓖ 33.60827, 130.16095

大口 오구치

비치 브레이크는 비교적 무난하지만 리프 브레이크는 간조 시 매우 하드코어한 포인트. 특히 리프 브레이크가 곳곳에 숨어 있기 때문에 초심자는 들어가지 않는 편이 좋으며 중급자 이상도 반드시 위치를 체크한 후에 들어가야 한다. 또한, 세트가 오버헤드로 올 정도가 되면 격한 이안류가 발생하므로 조심해야 한다.

- Ⓛ 중급자 이상
- Ⓟ 주차 무료
- Ⓢ 샤워시설 없음
- Ⓖ 33.633077, 130.185912

二見ヶ浦 후타미가우라

부부 바위에서 서프 사이드 카페 쪽으로 이동하면 나오는 포인트. 비치 브레이크를 중심으로 좌우에 리프 브레이크가 점재해 있다. 곶 왼편에 있는 포인트에서는 롱라이딩도 가능하며, 조류가 강해 보드 컨트롤이 가능한 중·상급자에게 추천한다. 북동풍이 불어 강한 파도가 자주 발생하는 늦가을부터 봄이 메인 시즌으로 배럴이 발생하기도 하는 이토시마의 대표 로컬 세션이다.

- Ⓛ 중급자 이상
- Ⓟ 주차 무료
- Ⓢ 샤워시설 있음(유료)
- Ⓖ 33.64066, 130.19929

이토시마 서핑 주의 사항

① 이토시마의 서핑 메인 시즌은 늦가을부터 봄까지다. 여름에는 태풍이 왔다간 직후를 제외하고는 파도가 없이 잔잔한 날이 이어진다. 서핑을 목적으로 간다면 여름부터 초가을은 피하는 것이 좋다. 물론 초심자는 초보를 위한 서핑 스쿨이 여름에도 운영되므로 크게 상관 없다. ② 중급자 이상이더라도 처음 찾는 포인트들이므로 처음에는 강사를 대동해 충분히 지형 특성을 익힌 후 홀로 즐기도록 한다. ③ 서핑 매너는 반드시 지킨다. 이토시마의 로컬 서퍼들에게 좋은 인상을 심어 줘야 앞으로 이곳을 찾는 한국인 서퍼 모두가 즐겁게 서핑할 수 있다는 점을 잊지 말자.

이토시마 바다 정복

웻 슈트를 장착하고, 옆구리에 서프보드를 낀 채 여유롭게 걷고 있는 서퍼들, 라인업 위에 둥둥 떠서 파도를 기다리는 상기된 표정의 서퍼들…수십 년 전부터사랑받아 온 서핑의 천국 이토시마에서 파도에 올라타는 감동, 바다와 하나가 되는 즐거움을 즐겨 보자.

01 NOGITA

02 NOGITA

03 OGUCHI

SURF SHOP AND SCHOOL

이토시마 서핑 숍& 스쿨

mission surf

미션 서프

Ⓐ 糸島市志摩野北2457 Ⓖ 33.60772, 130.16098
Ⓣ 092-327-3333 Ⓗ 12:00-20:00 부정기 휴무
Ⓟ 서핑 스쿨 ¥5000 Ⓤ www.missionsurf.jp
Ⓔ info@missionsurf.jp Ⓜ Map → ②-F-3

노기타 포인트의 돌섬 바로 정면에 위치한 서핑 숍&스쿨. 서핑의 즐거움을 한 명이라도 더 많은 사람들에게 전하기 위해 오픈한 곳이다. 보드만 렌털하는 것은 불가능하며 스쿨 신청 시 보드와 웻슈트 일체를 대여해 준다. 렌터카가 없을 경우 미리 요청하면 지쿠젠마에바루역까지 픽업과 드롭 서비스를 무료로 제공한다.

H1 surf

H1 서프

Ⓐ 糸島市志摩野北2757-92 Ⓖ 33.59923, 130.15408
Ⓣ 092-327-5573 Ⓗ 09:00-20:00 Ⓟ 서핑스쿨 ¥6480
Ⓤ www.facebook.com/H1surf
Ⓔ mightytaka5573@yahoo.co.jp Ⓜ Map → ②-F-3

가게 바로 앞에 있는 로컬 서핑 포인트에서 매일 서핑 스쿨을 실시하고 있다. 서프보드, 웻 슈트 렌털도 가능. 가게 옆으로 전용 대형 주차장이 있으며 샤워 시설도 완비되어 있다. 입구에 음료와 아이스크림을 파는 카페도 있다. 서핑 스쿨 예약은 하루 전에 문의하면 된다.

TF Surfboards Australia

TF 서프보드 오스트레일리아

Ⓐ 糸島市志摩桜井4420-7 Ⓖ 33.63272, 130.18676
Ⓣ 092-327-4357 Ⓗ 10:00-일몰
Ⓟ 서핑스쿨 ¥5000 서프보드 대여 1일 ¥3500 웻 슈트 대여 1일 ¥1500
Ⓤ www.tfsurf.net Ⓔ tfsurf@gmail.com Ⓜ Map → ①-B-1

오스트레일리아와 인도네시아를 중심으로 세계 각지의 서핑 포인트를 찾아다니는 현역 서퍼 히라카와 슈호와 서퍼이자 서프 요가 강사인 히라카와 준코가 운영하는 곳이다. 이곳에서는 서핑뿐만 아니라 병설 해변 요가스튜디오 로터스 海辺ヨガスタジオロータス 에서 서프 요가도 배울 수 있다. 서프보드와 웻 슈트 렌털 서비스도 제공하며 무료 주차장과 온수 샤워시설, 탈의실이 있다.

EAT UP

이토시마의 음식점들에는 '스토리'가 있다. 그들은 각자의 사연과 신념을 가지고, 손님들에게 최고의 맛을 선사하기 위해 노력하고 있다. 이러한 이야기에 귀 기울이고 공감하며 세계 그 어느 곳의 미식도 부럽지 않은 최고의 맛을 음미하자.

SPECIAL

직접 키운 재료로 정성껏 만든 한 끼

スローフード。

이미 완벽한 자급자족 시스템이 갖춰진 이토시마에서 직접 키운 재료로 요리한다는 것은 어찌 보면 비효율적이고, 불편한 방식이다. 그들이 이러한 방식을 고집 こだわり하는 데는 어떠한 이유가 있을까?

직접 키운 주재료와 이토시마산 식자재로 만든 '슬로푸드'

완벽한 자급자족 시스템이 갖춰져 있는 이토시마에서 주재료만큼은 '직접 재배'를 고집하는 사람들이 있다. 적합한 토지를 찾고, 재배방식을 정하고, 모종을 심고, 키워서 수확한다. 단순해 보이는 이 일련의 과정에서 재료, 그리고 요리에 대한 신념과 자부심이 생긴다. 더 나아가서는 계절의 흐름, 생명의 순환, 삶 등 다양한 주제에 대해 생각하게 된다. 그리고 이를 요리라는 매개체를 통해 먹는 이와도 공유하는 것. 이것이 바로 이토시마표 슬로푸드다.

PROFILE

Hirohide Isomoto

Ⓝ 이소모토 히로히데 磯本浩英
Ⓙ 이소모토 농장, 이치고야 카페 탄날 대표

PROFILE

Yusaku Kojima

Ⓝ 코지마 유사쿠 小島祐作
Ⓙ 프티루 쿠라부 이토코쿠 대표

いちごや Cafe TANNAL 이치고야 카페 탄날

이소모토 딸기 농장이 운영하는 직영 카페. 딸기 스무디부터 딸기 마리네 샌드위치, 딸기 카레 등 딸기에 대한 높은 이해를 바탕으로 딸기의 맛과 영양을 최대로 끌어낼 수 있는 메뉴 개발에 힘쓰고 있다. 딸기 철인 1월 초부터 5월 초까지는 이소모토 농장에서 수확 체험을 할 수 있다.
그밖에 이른 아침 농장에서 요가와 딸기 수확을 한 뒤 조식을 먹는 행사처럼 '슬로푸드' 문화를 깊숙이 체험할 수 있는 이벤트도 기획하고 있으니 SNS를 체크해 볼 것.

Ⓐ 糸島市志摩井田原85-4 Ⓖ 33.5866, 130.18393 Ⓣ 092-332-7643
Ⓗ 10:30-18:00 Ⓤ isomoto-nouen.com Ⓜ Map → ②-E-4

プティール倶楽部 伊都国 프티루 쿠라부 이토코쿠

1만 3000평 규모의 허브농장에서 무농해 유기농 자연농법을 사용해 약 200여 종의 허브를 재배하는 허브가든 레스토랑이다. 약 20년 전, 허브의 인지도가 낮았던 시절 오픈해 오로지 허브 외길을 달려왔다고. 목재로 지어진 단층 레스토랑은 식탁 의자까지 모든 것이 나무 제품이고, 커다란 창 너머로 펼쳐지는 전원 풍경은 슬로푸드 콘셉트에 맞는 느긋함과 여유를 선사한다. 요리는 이토시마산 신선한 식자재에 직접 키운 허브를 사용한 이탈리안이 메인. 레스토랑 반대편 허브가든에서는 허브 재료를 활용한 허브 비누 만들기 체험을 할 수 있다.

Ⓐ 糸島市浦志366-2-2 Ⓖ 33.56649, 130.20894 Ⓣ 092-331-2220
Ⓗ 11:30-20:00 수 휴무 Ⓤ herbgarden.co.jp Ⓜ Map → ③-B-3

마음이 담긴 식탁

01。

定食

일본 정식에는 마음이 담겨 있다. 찾아온 이에게 좋은 식자재를 사용해 맛있는 식사를 대접하고자 하는 오너의 마음, 그 마음을 전해 받아 한 상 충분히 음미하며 맛보는 손님의 마음… 허기뿐만 아니라 가슴까지 따뜻하게 채워지는 정갈한 한 끼를 맛보자.

이토 아구리 | 오차즈케 정식 ¥1640

유즈리하 | 하나카고 정식 ¥1500

코자이노모리 | 이토시마 정식 ¥1400

후타츠부 | 후타츠부고항 ¥700

JAPANESE TABLE

1

2

3

4

伊都 安蔵里 이토 아구리

100여 년 전 양조장으로 시작된 건물을 리노베이션하여 레스토랑 겸 카페로 운영되고 있는 곳이다. 이토시마의 산해진미와 계절별 식자재를 이용해 정식 요리를 제공하는데, 모든 식자재는 생산자와 직접 만나 보고 선별하며 화학 첨가물은 일체 사용하지 않고 천연 조미료만을 사용한다. 이토시마산 콩을 사용한 크로켓을 비롯해 몸에 좋은 재료들을 밸런스 좋게 사용한 건강 정식 健康御膳이 인기 메뉴이며, 기회가 된다면 하루에 한정적으로 제공되는 천연 도미 오차즈케 정식 天然鯛茶漬け御膳을 맛보도록 하자.

Ⓐ 糸島市川付882
Ⓖ 33.51125, 130.19431 Ⓣ 092-322-2222
Ⓗ 월-금 11:30-14:30 토·일, 공휴일 11:00-15:00
Ⓟ 건강 정식 ¥1480
천연 도미 오차즈케 정식 ¥1640
Ⓤ itoaguri.jp/restaurant
Ⓜ Map → ④-E-4

ゆずり葉 유즈리하

사람들이 많이 찾는 다른 스폿들과는 동떨어진, 이름마저 '풀밭'인 쿠사바 草場 지구에 위치한 카페 레스토랑. 원래 닭 사육장으로 사용되었던 공간을 리노베이션해 오픈했다. 오너 나라자키 타마코는 매일 아침 비닐하우스에 씨앗을 뿌리고 채소를 수확하고 그날의 장사를 준비한다. 직접 기른 채소를 수확하여 맛보는 기쁨을 더욱 많은 사람에게 알려 주고 싶어서다. 가장 인기 있는 메뉴는 꽃 모양 바구니에 가정식이 담겨 나오는 하나카고 정식 花かご膳이며 디저트도 제공한다.

Ⓐ 福岡市西区草場281-1
Ⓖ 33.61553, 130.21566
Ⓣ 090-5471-0572(예약 필수)
Ⓗ 11:30-16:00 부정기 휴무
Ⓟ 하나카고 정식 ¥1500
Ⓜ Map → ①-A-3

古材の森 코자이노모리

1901년에 건축된 상가를 복원한 고민가 레스토랑으로, 문을 열고 들어서면 마에바루 상점가에서 과거 메이지 시대로 시간 여행을 떠난 듯한 기분이 든다. 고즈넉한 옛 멋을 느낄 수 있는 공간은 다다미 좌식과 테이블로 나뉘어 있어 편한 곳에 앉으면 된다. 이토시마 식자재로 정성껏 준비한 이토시마 런치 糸島ランチ와 코자이노모리 파티시에가 선보이는 케이크 세트 ケーキセット 등을 즐길 수 있다. 다다미 바닥에 앉아 정원을 바라보며 정갈한 음식을 맛보자.

Ⓐ 糸島市前原中央3-18-15
Ⓖ 33.5602, 130.20145
Ⓣ 092-321-4717
Ⓟ 런치 11:30-14:30 카페 11:00-16:30 수 휴무
Ⓤ 이토시마 런치 ¥1400 케이크 세트 ¥700
Ⓜ www.kozainomori.net/index.html
Ⓜ Map → ③-A-3

ふたつぶ 후타츠부

인터넷 컨설턴트 일을 하는 후쿠다 모토히로와 그의 아내 카오리가 손님들을 맞이하기 위해 오픈한 공간. 처음에는 컨설턴트 고객들을 위한 곳으로 꾸밀 예정이었지만 '기왕 여는 김에' 카페 메뉴, 식사 메뉴, 잡화 아이템을 추가하다 보니 지금과 같은 형태의 공간이 완성되었다고 한다. 원 플레이트에 담긴 정갈한 정식, 후타츠부고항 ふたつぶご飯을 맛보고 카오리가 직접 셀렉한 조미료들과 잡화 등 다양한 아이템도 구경해 보자.

Ⓐ 糸島市二丈深江1456
Ⓖ 33.51688, 130.14977
Ⓣ 092-332-2362
Ⓗ 12:00-16:00 일·수 휴무
Ⓟ 후타츠부고항 ¥700
Ⓤ futatsubu.shop
Ⓜ Map → ④-E-3

CAFE & BISTRO

느리게 흘러가는 시간 속 휴식

바쁘게 돌아다니는 여행에 익숙한 사람도 이토시마에서는 '쉼'을 만끽할 수 있다. 그냥 지나칠 수 없는 카페와 비스트로가 도시 곳곳에 산재해 있기 때문에. 출출할 때 가볍게 맛볼 수 있는 식사 메뉴부터 지친 몸에 활기를 불어넣어 줄 커피까지 휴식에 필요한 모든 것이 있는 이토시마의 카페 & 비스트로에서 비일상을 즐기자.

Cafe 食堂 Nord
카페 식당 노르

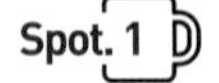

젊은 오너 부부의 레트로한 감각이 가게 곳곳에 묻어나고 창밖으로는 멀찍이 바다가 보이는 카페 & 비스트로. 시가지에서 조금 떨어진, 알기 힘든 곳에 있음에도 오픈 시간에 맞춰 만석이 될 정도로 입소문을 타고 있다. 메인 메뉴는 돼지고기, 치킨, 소시지 등 세 가지 종류의 카레와 직접 구운 빵에 그라탕을 채워 넣은 빵즈메그라탕 パン詰めグラタン. 카레와 빵즈메그라탕을 모두 맛보고 싶다면 세트 메뉴인 요쿠바리 만푸쿠 셋토 よくばり満腹セット를 선택하면 된다.

Ⓐ 糸島市二丈深江2575-6
Ⓖ 33.50881, 130.13809
Ⓣ 092-325-2790 Ⓗ 런치 11:00-17:00 카페 14:00-17:00 금 휴무
Ⓟ 요쿠바리 만푸쿠 셋토 ¥1300 Ⓤ www.nord2013.jp Ⓜ Map → ④-E-3

TABI+CAFE
타비 카페

Ⓐ 糸島市志摩久家21-4
Ⓖ 33.56218, 130.15568 Ⓣ 092-332-8515
Ⓗ 11:00-일몰, 수 휴무
Ⓟ 커피 ¥380 파르페 ¥600부터
Ⓤ tabicafe-itoshima.com Ⓜ Map → ②-D-3

여행(타비 旅)을 콘셉트로 한 카페로 여행 인솔 자격이 있는 전문가가 상주하고 있다. 느긋하게 차만 마셔도 좋고, 전문가에게 여행 상담을 해도 좋고, 노트북을 들고 와 개인 작업을 해도 좋은 자유로운 공간. 세계 각국의 잡화와 굿즈들을 판매하는 코너도 있어 흥미롭다. 또한, 이토시마의 작가들을 위한 이벤트 스페이스가 있어 종종 행사가 열리며, 엄선한 이토시마산 기념품도 판매한다.

KOKO CAFE ITOSHIMA
코코 카페 이토시마

Ⓐ 糸島市二丈鹿家762-7
Ⓖ 33.49529, 130.05425 Ⓣ 080-5255-4732
Ⓗ 11:00-19:00
Ⓟ 커피 ¥600 투데이 스페셜 ¥1300
Ⓤ kokocafe-itoshima.com Ⓜ Map → ④-E-1

작은 언덕 위 이토시마 반도 서부 니조 해변이 바라다보이는 코코 카페 이토시마. 낡고 허름한 차고를 긴 시간에 걸쳐 개조해 만든 작업실 겸 카페이나. 도예가 코코가 직접 만든 예쁜 그릇 위에 담은 요리는 하나하나 독특한 색과 모양을 가지고 있어 요리와 차를 더욱 맛있게 한다. 커피를 마시며 가게에 진열된 각종 도기 작품을 감상해 보자.

CAFE & BISTRO

安蔵里かふぇ
아구리 카페

이토 아구리(p.067)에서 운영하는 카페로 목조 건물 특유의 삐걱 소리, 나무 냄새 덕분에 차분해지는 공간이다. 벽면에 꽂힌 책들과 창 사이로 쏟아지는 햇볕은 책 장을 넘기며 언제까지고 앉아 있고 싶어진다. 커피 원두는 페타니에서 공수하며, 진한 맛이 일품인 치즈 케이크는 강력 추천하는 메뉴이니 꼭 함께 맛보자.

Ⓐ 糸島市川付882 Ⓖ 33.51125, 130.19431
Ⓣ 092-322-2222 Ⓗ 11:30-17:00(L.O 16:00)
Ⓟ 페타니 커피 ¥500 치즈 케이크+커피 ¥850
Ⓤ itoaguri.jp/cafe Ⓜ Map → ④-E-4

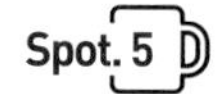

Blue Roof
블루 루프

이름에 딱 맞는 파란색 지붕이 매력적인 카페 겸 잡화점. 폐허로 버려져 있던 건물을 이토시마 출신 세 명이 합심하여 반년에 걸쳐 리노베이션해 2015년 문을 열었다. '멋진 휴일을 자연과 함께'라는 콘셉트로 영양가 높은 과일과 채소가 듬뿍 들은 콜드 프레스, 스무디를 메인으로 판매한다. 또한, 가게 한편에는 블루 루프 오리지널 액세서리를 직접 만들고 판매하는 공간이 있다.

Ⓐ 糸島市志摩桜井5457 Ⓖ 33.62251, 130.18593
Ⓣ 092-332-7742 Ⓗ 10:00-19:00
Ⓟ 프리미엄 스무디 ¥650
Ⓤ www.itoshimablueroof2015.com Ⓜ Map → ①-B-1

RUSTIC BARN
러스틱 반

2000년, 오너 노미야마 마코가 고민가를 개조해 오픈한 카페로, 이곳을 찾는 모두가 친구 집에 놀러 온 듯한 느긋한 기분이었으면 좋겠다고. 식사류는 일본 가정식부터 파스타, 카레 등으로 다양하며 음료도 커피를 비롯해 다양한 생과일주스를 제공한다. 특히, 어느 시간대에나 맛볼 수 있는 아침밥, 이츠데모OK아사고항 いつでもOK朝ごはん이 가장 인기! 아침밥이 주는 기운을 어느 시간대든 전해 주고 싶다는 오너의 마음이 담긴 러스틱 반만의 특별한 메뉴이다.

Ⓐ 糸島市志摩桜井5618
Ⓖ 33.62116, 130.18153
Ⓣ 092-331-7755
Ⓗ 12:00-19:00 화 휴무
Ⓟ 이츠데모OK아사고항 ¥1200
생과일주스 ¥500부터
Ⓤ rusticbarn.info
Ⓜ Map → ①-B-1

ROASTERY

03。

自家焙煎

작은 커피에 담은 이야기

구수한 원두 냄새가 기분 좋게 코끝에 머물고, 로스터기 돌아가는 소리가 아련하게 귀를 스치는 공간. 그저 멍하니 앉아 그곳만의 커피를 맛보는 것도 행복하지만, 커피를 생산하는 사람들, 커피를 볶는 사람들, 그리고 커피를 내리는 사람들의 이야기에 귀 기울인다면 그 행복은 배가될 것이다.

Coffee Unidos 커피 우니도스

Spot.1

지쿠젠마에바루역 앞 타나 카페의 오너 타나카가 운영하는 로스터리. 타나 카페 오픈 이전부터 집에서 로스팅한 원두를 판매해왔는데, 타나 카페를 오픈한 이후 로스팅을 위한 전용 공간 커피 우니도스도 오픈했다. 좋은 품질의 원두를 구하기 위해 매년 커피 산지를 찾아가 직거래를 하기 때문에 원두에 대한 신뢰도가 높다. 우니도스에서 다루는 두 종류의 블렌드와 여덟 종류의 싱글 원두는 모두 시음이 가능하며 생산국과 농장 이름, 로스팅 정도와 원두의 특징도 잘 정리되어 있다. 원두 셀렉부터 로스팅, 브루잉까지 모든 과정을 자신의 땀과 열정으로 이끌어가는 타나카의 커피에 대한 애정을 느끼러 가 보자.

Ⓐ 糸島市浦志2-14-17 井上ビル 101
Ⓖ 33.56189, 130.2111 Ⓣ 092-335-3394
Ⓗ 10:00-19:00 수 휴무
Ⓟ 오늘의 커피 ¥250 카페라떼 ¥400
Ⓤ tanacafe.jp Ⓜ Map → ③-B-3

시간이 있다면 여기도

TanaCafe + Coffee Roaster
타나 카페

타나카가 로스팅한 커피를 느긋하게 맛보고 구매도 할 수 있는 공간. 이토시마 작가들의 작품을 판매하는 셀렉트숍 이토시마 생활×코코노키(p.038)의 숍인숍으로 공간을 공유하고 있다.

Ⓐ 糸島市前原中央3-9-1 1階
Ⓖ 33.56049, 130.201 Ⓣ 092-321-2008
Ⓗ 11:00-19:00 화 휴무
Ⓟ 에스프레소 ¥300 카페라떼 ¥420
Ⓜ Map → ③-A-3

三和珈琲館 今宿店 산와코히칸 이마주쿠점

Spot.2

산와코히칸은 1974년, 초대 오너 이데 카즈히로가 '만족스러운 커피'에 대한 답을 찾기 위해 후쿠오카 록폰마츠에 개업한 로스터리 겸 카페로 5년 후, 아들 코타로가 이마주쿠에 2호점을 오픈했다. 이곳에서는 불량 원두를 손수 추려내어 로스팅한 최고급 원두를 제공해 지역 주민을 비롯해 일본 전역에서 큰 사랑을 받고 있다. 매장에서는 원두 구매뿐만 아니라 손으로 직접 만든 플란넬 천을 이용해 내린 핸드드립 커피를 맛볼 수 있는데, 원두의 뛰어난 향과 맛을 고스란히 느낄 수 있다.

Ⓐ 福岡市西区横浜3-34-8
Ⓖ 33.58197, 130.26152 Ⓣ 092-807-034
Ⓗ 10:00-21:30 연말연시 휴무
Ⓟ 에스프레소 ¥530
Ⓤ sanwacoffee.jp Ⓜ Map → ③-C-3

ROASTERY

Petani Coffee
페타니 커피

Spot.3

이토시마의 수많은 카페가 선택한 넘버 원 로스터리이다. 커피 원두 생산자와 커피를 마시는 소비자 사이에서 그들 모두가 행복할 수 있도록 서포트하겠다는 신념을 가지고 오픈했다. 페어트레이드 오가닉 원두를 비롯해 다양한 스페셜리티 원두를 매일 정성스럽게 로스팅하고 있다. 계절에 따라 새로운 원두와 블렌딩 커피를 제공하는 등 맛의 발전을 위해 항상 노력하는 로스터리이기도 하다.

Ⓐ 糸島市志摩初47-1
Ⓖ 33.58278, 130.18257
Ⓣ 092-332-8454
Ⓗ 월·수-금 12:00-19:00 토·일 10:00-19:00 화 휴무
Ⓟ 드립 커피 ¥380
Ⓤ petanicoffee.com Ⓜ Map → ②-E-4

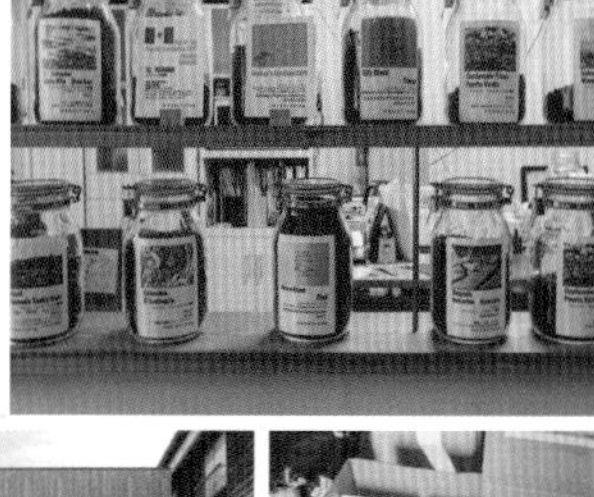

Taisho Coffee Roaster
타이쇼 커피 로스터

Spot.4

조용한 주택가들 사이에 귀여운 새 일러스트가 그려진 간판이 보인다. 이곳이 바로 타이쇼 커피 로스터. 다양한 사람들의 삶 속에서 각자에게 어울리는 커피를 제공하고 싶다는 일념 하에 약 20종의 커피를 로스팅하여 제공한다. 이토시마의 카페들은 식사류나 스위츠를 함께 판매하는 곳이 대부분인데 이곳은 오롯이 커피에만 집중해 주었으면 하는 마음에서 근처 빵집 레몬 檸檬의 빵 외에 다른 메뉴는 일절 판매하지 않는다.

Ⓐ 糸島市二丈町深江569-1
Ⓖ 33.51824, 130.13864
Ⓣ 092-334-3328
Ⓗ 11:00-19:00 일 휴무
Ⓟ 오늘의 커피 ¥350
Ⓤ r.goope.jp/taishocoffee-rst Ⓜ Map → ④-E-3

Kafuwa Coffee
카후와 커피

Spot.5

카페와 로스터리를 겸하고 있는 카후와 커피는 가게 한쪽에 놓인 제트 로스터에서 끊임없이 원두를 볶아내고 있다. 대부분의 로스터 기기들이 많은 양의 원두를 한번에 볶아야 하지만, 제트 로스터는 100g부터 소량으로 볶는 것이 가능해 손님에게 주문을 받고 손에 따끈한 원두를 전달하기까지 단 5분밖에 걸리지 않는다. 이러한 시스템으로 큰 인기를 끌다 보니 카페 이용객보다 원두를 사러 오는 사람이 더 많기는 하지만, 커피 볶는 냄새와 소리에 휘감긴 부드러운 분위기의 실내는 느긋하게 커피 한잔 하기에도 만족스러운 공간이다.

Ⓐ 糸島市前原西1-11-15
Ⓖ 33.55782, 130.19398
Ⓣ 092-335-1104
Ⓗ 월-금 09:00-19:30 토·일 09:00-18:00
Ⓟ 오늘의 커피 ¥380 케이크+음료 세트 ¥700부터
Ⓤ www.facebook.com/Kafewacoffee.itoshima
Ⓜ Map → ③-A-2

BAKERY

빵의 마을, 이토시마

이토시마는 맛있으면서도 특색 있는 베이커리들이 도시 전체에 산재해 있다.
최근에는 '빵의 마을'이라고 불릴 정도로 빵은 이토시마의 아이덴티티가 되었다.
나의 배가 허락해 주는 한 끊임없이 맛보고 싶은 이토시마의 대표 빵집들을 소개한다!

童夢の森
도우무노모리

매일 무려 80여 종의 빵을 돌가마에서 먹음직스럽게 구워내는 베이커리. 그중에서도 가장 추천하고 싶은 빵은 반죽에 카레와 토마토를 채워 넣어 쌀기름에 튀겨낸 규스지(소의 힘줄) 카레빵 牛すじカレーパン으로, 개업 이래 누적 판매량이 300만 개를 돌파한 대표 메뉴다. 내용물의 80%가 단팥으로 이뤄진 즛시리앙빵 ずっしりあんぱん도 인기. 얇은 껍질 속에 팥이 가득 차 있어 약간 달지만 고소하다.

Ⓐ 糸島市浦志3-3-3 Ⓖ 33.56456, 130.2073
Ⓣ 092-330-7130 Ⓗ 08:00-19:00 Ⓟ 규스지 카레빵 ¥200 즛시리앙빵 ¥180
Ⓤ doumunomori.com Ⓜ Map → ③-B-3

규스지 카레빵 ¥200
즛시리앙빵 ¥180

빵을 구매하면 커피는 무료로 마실 수 있어요~

BAKERY

호두건포도빵 ¥170
전립식빵 ¥150

のたり 노타리

2 Bread

이토시마다운 느긋함이 느껴지는 한적한 고민가 빵집. 보물찾기를 하듯 빵이 그려진 하얀색 블록을 따라 100m 정도 마을 안쪽으로 들어가면 정감 있는 빵집이 나타난다. 모든 빵은 달걀, 유제품, 백설탕을 사용하지 않고 구워내며, 유기농 포도로 만든 천연효모 빵과 호두건포도빵 くるみとレーズン, 스콘 スコーン, 전립식빵 全粒食パン 등이 주요 메뉴이다. 근처 초등학교에서 사용했었다는 낡은 테이블과 의자는 옛 추억을 상기시킨다.

Ⓐ 糸島市志摩桜井2445 Ⓖ 33.62113, 130.1943
Ⓣ 092-327-0554 Ⓗ 12:00-18:00 월-목 휴무
Ⓟ 호두건포도빵 ¥320 전립식빵 ¥500 Ⓜ Map → ①-A-2

Spoonful the bagel 스푼풀 더 베이글

3 Bread

사쿠라이 신사로 올라가는 길 왼편에 있는 베이글 전문 빵집. 안전과 맛을 중시하는 빵집으로, 유제품이나 달걀은 일절 사용하지 않는다. 마타이치 소금 またいちの塩 등 이토시마 식자재를 사용한 천연효모 베이글은 잼 없이 먹어도 쫄깃하고 단맛이 난다. 당일 구워진 빵이 모두 팔리면 폐점을 하니 서둘러 방문하는 것이 좋다.

Ⓐ 糸島市志摩桜井4179 Ⓖ 33.6274, 130.1937 Ⓣ 092-327-2372
Ⓗ 11:00-매진 시, 월-수 휴무 Ⓟ 플레인 베이글 ¥150 참깨 베이글 ¥170
Ⓤ spoonfulbagel.shop-pro.jp Ⓜ Map → ①-B-2

참깨 베이글 ¥170
플레인 베이글 ¥150

わいわい 와이와이

4 Bread

모퉁이에 있는 아담한 테이크아웃 빵집. 겉보기에는 동네의 평범한 빵집처럼 보이지만, 수시로 빵을 구워 내놓아도 순식간에 빈 바구니만 덩그러니 놓이는 인기 있는 가게이다. 홋카이도의 검증된 밀을 사용하고 방부제는 일절 첨가하지 않으며, 안심, 안전을 모토로 빵을 만드는 오너의 자세에 호감이 간다. 이곳의 대표 메뉴는 우엉치즈빵 きんぴらごぼうとチーズのお焼き으로, 잘게 썬 우엉과 치즈, 마요네즈를 버무려 튀기는데, 우엉 특유의 향과 아삭아삭 씹히는 식감이 매력적이다.

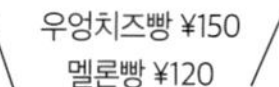

우엉치즈빵 ¥150
멜론빵 ¥120

Ⓐ 糸島市 潤3-26-6 Ⓖ 33.56367, 130.21733 Ⓣ 092-321-0929
Ⓗ 화-토 10:00-18:00 일·월 휴무 Ⓟ 우엉치즈빵 ¥150 멜론빵 ¥120
Ⓜ Map → ③-B-4

A BAKERS VILLAGE

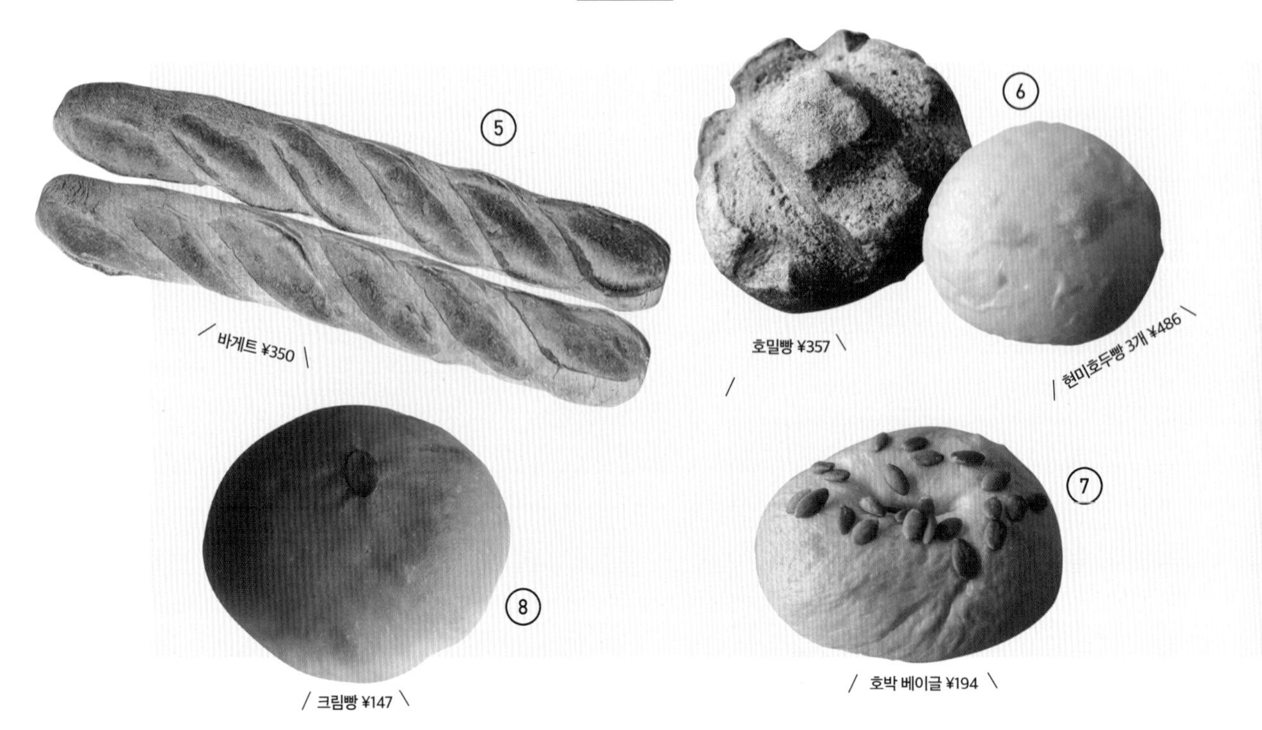

ヒッポー製パン所
힛포세이빵죠

힛포세이빵죠는 천연 효모를 사용해 저온에서 오랜 시간 천천히 발효시켜 밀가루가 가지고 있는 본연을 맛을 낸다. 벽에 걸린 까만 칠판에 수시로 인기 빵 순위가 갱신되니 무엇을 먹으면 좋을지 고민된다면 참고하자. 노릇하게 구워진 기다랗고 쫄깃한 바게트빵은 언제나 추천하고 싶은 스테디셀러. 빵은 아침과 점심 두 번 구워져 나온다.

Ⓐ 福岡市西区今宿駅前1-11-8
Ⓖ 33.58189, 130.27418
Ⓣ 092-985-1926
Ⓗ 07:00-16:00 화 휴무
Ⓟ 바게트 ¥350
Ⓜ Map → ③-C-3

楽楽
라쿠라쿠

6
Bread

아토피와 천식을 현미 채식으로 이겨낸 라쿠라쿠의 오너 이시하라. 그는 식자재의 중요함을 깨닫고 농약이나 화학비료를 사용하지 않는 농가로부터 밀과 채소 등의 식자재를 들여온다. 또한, 천연효모를 고집하며 달걀, 유제품은 사용하지 않는다고. 라쿠라쿠의 빵을 맛본다는 것은 빵을 통해 건강의 소중함을 체험하는 경험이 될 것이다.

Ⓐ 糸島市浦志1-12-14
Ⓖ 33.56032, 130.2154 Ⓣ 092-323-4499
Ⓗ 10:00-18:00 월·화·금 휴무
Ⓟ 호밀빵 ライ麦パン ¥357
현미호두빵 玄米くるみパン 3개 ¥486
Ⓤ rakurakupan.com Ⓜ Map → ③-A-3

ハンズハンズ
한즈한즈

7
Bread

베이글 전문점으로 유명한 한즈한즈. 달걀 및 유제품을 사용하지 않기 때문에 알레르기 있는 사람도 안심하고 먹을 수 있으며 가격도 대부분 100엔 대로 착하다. 베이글 특유의 살짝 질긴 듯한 식감을 좋아하지 않는 사람이라면 이곳의 베이글을 꼭 맛보기 바란다. 부드러운 식감에 자꾸만 생각날 것!

Ⓐ 福岡市西区飯氏773-1
Ⓖ 33.56625, 130.24542 Ⓣ 092-407-8244
Ⓗ 10:00-18:00 목 휴무
Ⓟ 호박 베이글 かぼちゃベーグル ¥194
Ⓤ hands-hands2012.com
Ⓜ Map → ③-B-2

治七のクリームパン
지히치노 크림빵

이마주쿠 산속에 위치한 크림빵 전문점. 보통 빵집에서는 인기가 높지 않은 크림빵이지만 이곳에서는 크림빵을 메인으로 하고 있다. 빵의 발효시간이 길어 부드럽고 소박한 맛이 특징으로, 한번 맛을 보면 빠져나올 수 없는 매력을 가지고 있다. 베이커리 한쪽에서는 도자기 컵과 접시, 액세서리, 잡화 등을 판매하고 있다. 커피는 빵을 구매하면 무료로 제공된다.

Ⓐ 福岡市西区今宿町229-1
Ⓖ 33.57007, 130.2728 Ⓣ 092-806-4229
Ⓗ 10:00-19:00 수 휴무
Ⓟ 크림빵 ¥147
Ⓤ www.creampan.jp
Ⓜ Map → ③-B-3

A BAKERS VILLAGE

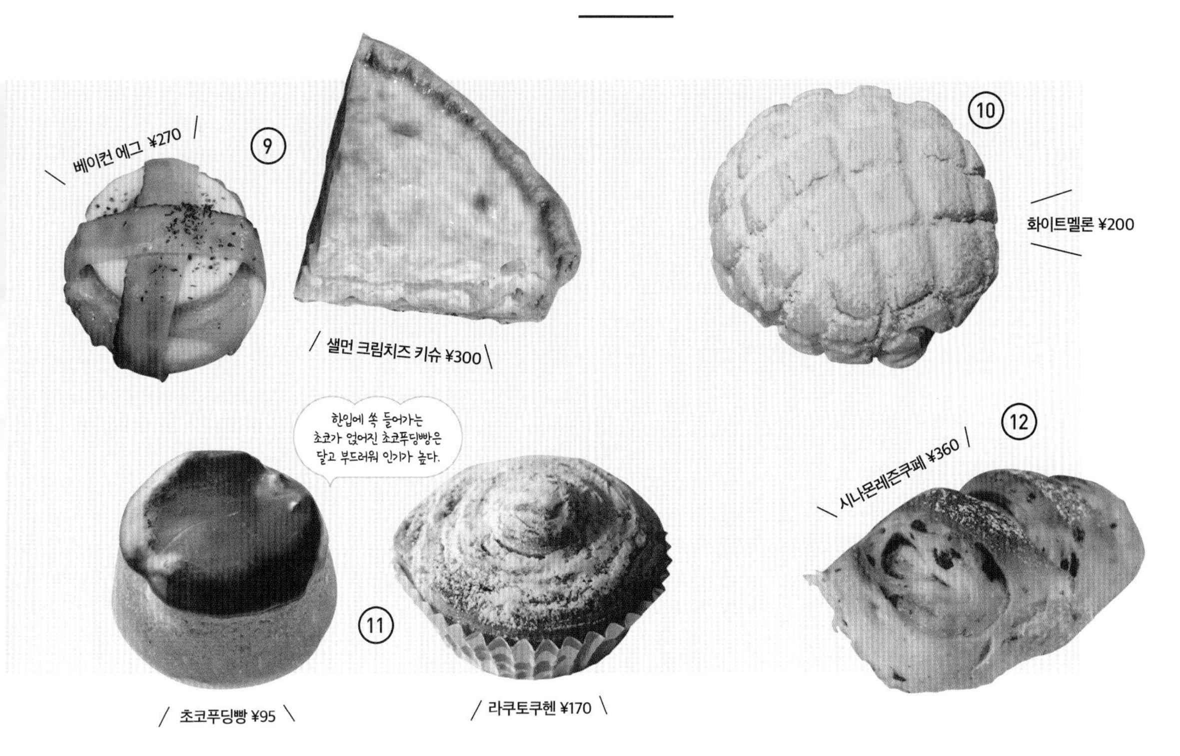

Boulangerie Noan 브랑제리 노안

이토시마는 물론 후쿠오카에서 찾아오는 사람이 있을 정도로 인기 있는 빵집이다. 가게 안으로 들어서면 갓 구워낸 구수한 빵 냄새와 보기만 해도 맛있어 보이는 다양한 종류의 빵들이 눈에 들어온다. 건포도나 과일, 치즈 등을 얹어 구운 형형색색 빵들이 특히나 먹음직스럽다. 구입한 빵은 2층 카페에서 커피와 함께 즐길 수 있다.

Ⓐ 糸島市篠原西1-9-10
Ⓖ 33.55227, 130.20388 Ⓣ 092-322-6606
Ⓗ 09:00-18:00 화 휴무
Ⓟ 샐먼크림치즈키슈 ¥300
Ⓤ www.facebook.com/noan.pain
Ⓜ Map → ③-A-3

Cachettee 카셰트

하얀색 벽에 붉은 갈색 지붕이 인상적인 이토시마 인기 멜론빵 전문점. 가게 앞 귀여운 멜론빵 캐릭터 입간판은 영업 중임을 알리는 신호이다. 가게 안으로 들어서면 계산대 옆 쇼케이스에 멜론빵들이 우아하게 놓여 있다. 초콜릿, 생크림, 딸기 등이 채워진 멜론빵은 겉은 바삭바삭, 속은 달콤하고 부드럽다. 가게 안쪽에는 앉아서 멜론빵을 맛볼 수 있는 테이블이 마련되어 있다.

Ⓐ 糸島市多久507
Ⓖ 33.54487, 130.19652
Ⓣ 092-332-9012
Ⓗ 10:00-18:00 월-금 휴무
Ⓟ 멜론빵 ¥150 화이트멜론 ¥200
Ⓜ Map → ③-A-1

パン工房 Moomo 빵 공방 모모

가후리 초등학교 운동장 뒷문 골목길에 숨어 있는 작고 아담한 빵집. 젖소가 우는 소리에서 따온 '모모'라는 가게 이름이 정겹다. 주로 초등학교 학생들이 빵을 먹으러 오기 때문인지 전체적인 가격대가 100엔 전후로 저렴하다. 특히 한입에 쏙 들어가는 초콜릿이 얹어진 초코푸딩빵チョコプリンパン은 달고 부드러워 인기가 높다.

Ⓐ 糸島市神在1125-2
Ⓖ 33.54371, 130.17208
Ⓣ 092-322-4670
Ⓗ 08:00-18:00 일 휴무
Ⓟ 초코푸딩빵 ¥95
Ⓜ Map → ④-F-4

Bakery SANA 베이커리 사나

도쿄에서 10년간 영업한 인기 빵집이 이토시마의 자연에 이끌려 2014년 5월 이전해 왔다. 모든 빵에 달걀과 마가린, 쇼트닝 등의 유지를 사용하지 않으며, 밀가루는 이토시마산과 구마모토산을 블렌드해 사용한다. 베이글, 파니니류가 인기이지만 시나몬 향과 건포도, 쫄깃한 식감이 인상적인 시나몬레즌쿠페 シナモンレーズンクーペ를 추천한다.

Ⓐ 糸島市二丈深江555-2
Ⓖ 33.51718, 130.13942
Ⓣ 092-325-0010
Ⓗ 10:00-18:00 수목 휴무
Ⓟ 시나몬레즌쿠페 ¥360
Ⓜ Map → ④-E-3

SWEETS

달콤함 충전, 행복 충전

달달한 스위츠를 한 입 먹으면 당분뿐만 아니라 행복이 마음속 깊은 곳부터 차오르는 기분이 든다. 여행 중 잠시 에너지 충전하고 싶을 때 들르기 좋은, 잠자기 전 당분 보충용 디저트를 사 가기 좋은 스위츠 가게들을 소개한다.

Pinot Gris 피노 그리 Sweets. 1

Ⓐ 糸島市志摩桜井1052 Ⓖ 33.6142, 130.19321
Ⓣ 092-332-7579 Ⓗ 11:00-18:00 목 휴무
Ⓟ 커피 ¥500 파르페 ¥900부터 Ⓤ pinot-gris.jp Ⓜ Map → ①-A-2

작은 언덕을 오르면 짙은 녹음 속에 숨어 있는 피노 그리의 비밀스러운 공간과 마주하게 된다. 전직 그래픽 디자이너이자 현 카페 오너인 시바타 카나에가 선보이는 사랑스러운 스위츠들과 그의 남편이자 조각가인 히로후미의 작품들 덕분에 눈이 즐겁다. 스위츠는 파르페 종류가 가장 인기이며 식사 메뉴도 준비되어 있다.

伊都きんぐ 이토킹 Sweets. 2

Ⓐ 糸島市南風台8-4-11 Ⓖ 33.54866, 130.19409
Ⓣ 092-321-1504 Ⓗ 월-목 11:00-18:00 토·일 10:00-18:00
금 휴무 Ⓟ 도라킹에스 ¥350
Ⓤ mataichi.info Ⓜ Map → ④-F-4

후쿠오카현 지역을 대표하는 특산품의 하나로 자리 잡은 아마오우 딸기로 만든 디저트를 선보이는 곳이다. 아마오우 딸기는 빨갛다 あかい(아카이), 둥글다 まるい(마루이), 크다 おおきい(오오키이), 맛있다 うまい(우마이)의 첫 글자를 따서 이름 지어진 고급 딸기 브랜드이다. 가장 인기 있는 상품은 도라킹에스 どらきんぐエース로, 쫀득하고 얇은 껍질 속 가득한 부드러운 크림과 달콤한 아마오우 딸기가 일품이다.

grand mama 그랜 마마 Sweets. 3

입구로 들어서면 쇼케이스 안에 먹음직스러운 케이크들이 반겨 준다. 부담 없는 가격에 매일 새로 구워내는 20-30여 종의 케이크들은 골라 먹는 재미가 있다. 그중에서도 이곳의 대표 상품은 한입에 쏙 들어가는 앙증맞은 크기의 마마치즈 ママチーズ로 부드럽고 촉촉한 식감이 일품이다.

Ⓐ 糸島市浦志1-1-7 Ⓖ 33.56116, 130.20971 Ⓣ 092-334-2023 Ⓗ 09:00-21:00
Ⓟ 마마치즈 ¥129 Ⓜ Map → ③-B-3

SWEETS

Wild Berry
와일드베리
Sweets. 5

Ⓐ 糸島市末永541 Ⓖ 33.53016, 130.26156
Ⓣ 092-331-5705 Ⓗ 11:00-18:00 화 휴무
Ⓟ 커피+케이크 세트 ¥900
Ⓤ dozochain.com Ⓜ Map → ③-A-3

글래식을 사랑하는 노부부가 운영하는 고민가 카페로 현재까지 560회 이상 정기 콘서트가 열렸다. 격주 토요일이면 커피와 달달한 케이크, 그리고 저녁노을과 함께 콘서트를 감상할 수 있다. 공연이 없는 날 가장 추천하는 자리는 창가 자리로, 짙은 갈색의 가죽 소파에 앉아 눈 앞에 펼쳐지는 전원 풍경을 바라보며 잔잔한 여유를 느껴 보자. 카페 옆 건물에는 종이를 오려 그림을 그리는 키리에 切り絵 갤러리를 둘러볼 수 있다.

아담한 타르트 테이크아웃 전문점. 가게 이름 'g.o.d'는 신이 아니라 프랑스어 'gouter ou delice (맛있는 오후의 간식)'이니셜에서 따온 것이라 한다. 이토시마산 달걀과 생크림, 발효 버터 등 신선한 재료로 만든 다양한 맛의 타르트가 예쁘게 진열되어 있다. 주말은 고소하고 짭짤한 키슈도 구워 내놓는다. 가게 주차장은 없지만 길 건너편 대형 슈퍼에 잠시 주차하면 된다.

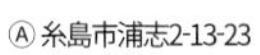
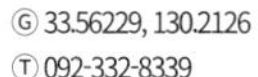

Ⓐ 糸島市浦志2-13-23
Ⓖ 33.56229, 130.2126
Ⓣ 092-332-8339
Ⓗ 10:00-19:00
Ⓟ 딸기 타르트 ¥550
Ⓜ Map → ③-B-3

g.o.d
곳도
Sweets. 4

\+ PLUS

『 이토시마 3대 푸딩 糸島 3 大プリン。』

이토시마 하면 떠오르는 수많은 키워드 중 절대 빠지지 않는 것이 바로 '푸딩'이다. 푸딩을 그다지 좋아하지 않는 사람들도 두 눈 번뜩 뜨이게 만든다는 기가 막힌 맛의 이토시마 푸딩들 중에서 가장 핫한 세 개를 소개한다.

¥350

| 소금 푸딩 花塩プリン |

많이 팔릴 때는 하루에 2000개나 나간다는 이토시마 최고 인기 푸딩. 부드럽고 달콤한 커스터드 푸딩에 마타이치 소금이 들어가 있어 단짠의 진수를 느낄 수 있다. 앉은 자리에서 몇 개고 먹고 싶어지는, 인기가 납득이 가는 그런 맛!

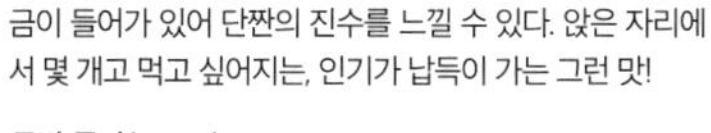

공방 돗탄(p.030)

Ⓐ 糸島市志摩芥屋3757 Ⓖ 33.57718, 130.08974
Ⓣ 092-330-8737 Ⓗ 10:00-17:00 연말연시 휴무
Ⓤ mataichi.info Ⓜ Map → ②-E-1

¥368

| 달걀 푸딩 卵プリン |

츠만데고란 つまんでご卵의 달걀과 이토모노가타리 伊都物語의 우유를 사용해 만든 푸딩. 한 입 먹는 순간 고소하고 담백한 달걀 풍미가 입안을 감돈다. 바닥 쪽에 캐러멜 소스 대신 간장 소스가 들어 있어 짭조름한 맛까지 일품이다.

츠만데고란 케이크 공방

Ⓐ 糸島市志摩桜井5234-1 Ⓖ 33.62489, 130.18471
Ⓣ 092-327-5850 Ⓗ 평일 11:00-17:00 주말, 공휴일 10:30-17:00 화, 연말연시 휴무 Ⓤ natural-egg.co.jp/cake-kobo
Ⓜ Map → ①-B-1

¥310

| 간장 푸딩 醤油プリン |

키타이 간장에서 만든 푸딩으로 치즈 케이크처럼 농후한 맛의 푸딩에 간장을 첨가해 느끼함을 적절하게 상쇄시켰다. 4년간의 숙성을 거친 간장에 이토시마산 달걀, 이토시마산 우유 등 맛이 없을 수 없는 조합!

키타이 간장

Ⓐ 糸島市志摩船越84 Ⓖ 33.55857, 130.12675
Ⓣ 092-328-2204 Ⓗ 08:00-17:00 토 · 일, 공휴일 휴무
Ⓤ kitaishoyu.com Ⓜ Map → ②-D-2

CURRY

진한 카레 향은 추억을 남기고

카레라는 음식은 특별하다. 진한 향과 맛 때문인지 이 애틋하고도 아련한 음식은 곧잘 '추억'을 상기시키는 매개체가 된다. 이토시마에 가면 꼭 카레를 맛보자. 이 시간을 더욱 포근하게 기록해 줄 멋진 카레 전문점이 많으니.

旅人カレー
타비비토 카레

Curry. 1

타비비토 카레의 오너 유헤는 세계 여러 나라를 여행하며 현지인에게 카레를 배워 와 한국어로 '여행자 카레'라는 이름의 카레 전문점을 오픈했다. 가게 문을 열고 들어서면 매콤한 카레 향이 식욕을 돋운다. 다양한 메뉴 중 가장 인기 있는 것은 두 종류의 카레를 한 접시에 올려 맛볼 수 있는 하프&하프 ハーフ&ハーフ 카레. 올려 주는 카레는 그날그날 달라진다. 가게는 작고 아담하지만 점심이면 줄을 서서 먹는 경우도 잦으니 점심시간을 조금 비껴간 시간에 방문하길 추천한다.

Ⓐ 糸島市前原西 1-15-18 Ⓖ 33.55619, 130.193 Ⓣ 092-329-0010 Ⓗ 11:30-18:00 목 휴무
Ⓟ 하프&하프카레 ¥1100 Ⓤ tabibitocurry.com Ⓜ Map → ③-A-2

1

2

まんまる食堂
만마루쇼쿠도

이토시마 구르메 그랑프리 대회에서 3년 연속 준우승을 거머쥔 카레 전문점. 낡은 고민가를 개조한 목조 건물은 작고 아담하지만 공간 활용을 잘해 놓아서 불편함이 없다. 닭과 과일, 채소를 듬뿍 넣고 하루 동안 푹 삶은 카레는 달콤하고 깊은 맛. 돈카츠카레에 올라가는 돈카츠는 튀김옷이 두껍지 않고 실이 부드럽다. 테이블 위에 놓여 있는 매운 소스는 기호에 맞게 넣어 조절하자. 초등학교 이하 어린이에게는 미니 카레를 무료로 서비스한다.

Ⓐ 糸島市前原中央3-16-18 Ⓖ 33.56036, 130.20266 Ⓣ 092-329-0077 Ⓗ 11:00-20:00 일 휴무
Ⓟ 돈카츠카레 ¥830 카레우동 ¥680 Ⓤ www.facebook.com/ManmaruCurry Ⓜ Map → ③-A-3

CURRY

Ⓐ 福岡市西区周船寺1-16-2 1F Ⓖ 33.57223, 130.24137
Ⓣ 092-807-2909 Ⓗ 11:00-22:00
Ⓟ 스프치킨카레 ¥1100 Ⓤ www.facebook.com/nisekolove
Ⓜ Map → ③-B-2

Ⓐ 糸島市志摩芥屋703-5
Ⓖ 33.59334, 130.10749
Ⓣ 092-328-1901
Ⓗ 11:00-17:00 목·금 휴무
Ⓟ 함바그카레 ¥1000
Ⓤ www.geocities.jp/kokopellili
Ⓜ Map → ②-F-1

Niseko 니세코 Curry. 3

홋카이도 니세코 농가로부터 직접 들여오는 계절 식자재를 사용해 만드는 홋카이도식 스프카레집. 압력솥에 푹 삶아 부드러운 연골치킨과 다양한 채소를 큼직하게 썰어 넣은 것이 특징적이다. 스프카레는 카레라고 하기엔 좀 묽고 짭짤하고 칼칼해 카레라기보다는 찌개가 연상되는 맛이다. 맵기를 조절할 수 있는데, 매운 것을 아예 못 먹는 사람이 아니라면 3단계 정도는 무난하다.

ココペリ 코코페리 Curry. 4

이토시마 반도 끝 케야 해안. 빨간 현관문을 열고 들어가면 친구 집에 놀러 온 듯한 가정집 현관이 나타난다. 신발을 벗고 2층으로 올라가면 넓은 창으로 방풍림 너머 케야의 푸른 바다가 펼쳐진다. 채소와 과일을 넣고 형태가 없어질 때까지 장시간 푹 끓인 카레 소스와 이토시마 돼지와 소로 만든 함바그는 부드럽고 육즙이 풍부하다. 380엔을 추가하면 드링크와 샐러드를 제공한다.

SPOON SONG 스푼 송 Curry. 5

정기적으로 인도를 방문해 새로운 카레 맛을 연구하는 스파이스 카레 전문점. 일본에 스파이스 카레가 유행하기 이전부터 줄곧 스파이스 카레만을 고집해 왔다. 처음 방문하는 손님에게는 기본 메뉴인 치킨카레를 추천. 맵기는 강, 중, 약으로 조절할 수 있는데 중간 맛이 무난하다. 부드러운 치킨에 카레 향과 각종 양념이 가미되어 고소하면서도 끝 맛은 알싸하다.

うるしカレー 우루시 카레 Curry. 6

산장 같은 분위기의 편안하고 아담한 공간. 밥이나 빵 아니면 밥과 빵 반반 조합을 선택하고 원하는 카레 메뉴를 고른다. 여러 메뉴 중 가장 추천하는 것은 매운 카레에 치즈를 올려 구운 야키치즈카레 焼きチーズカレー. 살살 녹는 고소한 치즈와 매운 카레 소스의 만남이 훌륭하다. 여기에 150엔을 추가하면 샐러드와 아이스크림, 드링크도 함께 제공된다. 점심은 카레가 메인이지만 저녁은 간단한 안주에 술 한잔하기에도 좋은 분위기이다.

Ⓐ 糸島市二丈松末1253-2 Ⓖ 33.52358, 130.14018 Ⓣ 092-325-2569
Ⓗ 11:00-15:00 월·화·금 휴무 Ⓟ 치킨카레 ¥1000 Ⓜ Map → ④-F-3

Ⓐ 糸島市前原中央3-19-1 Ⓖ 33.55951, 130.20017
Ⓣ 092-334-5374
Ⓗ 11:30-14:00, 18:30-21:00 화·수 휴무
Ⓟ 야키치즈카레 ¥850
Ⓤ urushicurry.jimdo.com
Ⓜ Map → ③-A-3

RAMEN

쿠로라멘 ¥650 시로라멘 ¥580 면 추가 ¥130

Ⓐ 糸島市波多江駅北4-5-11
Ⓖ 33.55828, 130.30555 Ⓣ 092-322-3236
Ⓗ 11:00-22:30 Ⓤ www.saitani.jp
Ⓜ Map → ③-B-4

Ⓐ 糸島市潤2-11-6 Ⓖ 33.56308, 130.21743
Ⓣ 092-322-0115 Ⓗ 11:00-20:00 월 휴무
Ⓤ ra-menriki.co.jp Ⓜ Map → ③-B-4

돈코츠라멘 ¥550 라멘 정식(라멘+교자+볶음밥) ¥900 면 추가 ¥120

07。 ラーメン

로컬의 일상에 녹아드는 시간

땅거미 지는 저녁, 비좁은 카운터 석에 앉아 퇴근길에 들른 샐러리맨들과 어깨를 부딪치며 뜨거운 라멘을 후후 불었다. 어색함 반, 설렘 반을 안고 들어온 가게였지만, 라멘에 집중하는 이 순간만큼은 로컬들과 하나되어 '후루룩' 맛있는 하모니를 만들었다.

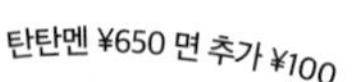

탄탄멘 ¥650 면 추가 ¥100

Ⓐ 糸島市志摩御床2238-1
Ⓖ 33.56499, 130.14069 Ⓣ 080-1761-3357
Ⓗ 11:00-15:00, 17:00-21:00 목 휴무
Ⓜ Map → ②-D-3

志摩のタンタン麺ハウス 시마노 탄탄멘 하우스

간판에서도 알 수 있듯 탄탄멘을 전문으로 하는 가게로, 문을 열자마자 매콤한 향이 코를 자극한다. 주문하고 선반 위에 꽂힌 만화책을 읽으며 맥주 한 잔 곁들이고 있으면 금세 뜨끈한 라멘이 나온다. 이곳의 대표 메뉴는 매콤한 고기 된장, 소송채와 숙주를 올린, 조금은 심플한 탄탄멘. 국물은 약간 맵고 산미가 강하지만 끝에는 고소함이 입안을 감돈다. 매콤 · 상큼한 맛이 매력적인 국물 없는 시루나시 탄탄멘 汁なしタンタン麺은 별미!

西谷家 사이타니야

15시간 가마솥에서 우려낸 진한 돈코츠 국물에 구운 돼지고기, 마늘 기름을 첨가한 쿠로라멘 黒ラーメン으로 인기몰이 중인 곳. 돼지 뼈를 푹 고아 뽀얗게 우러난 진한 국물에서 깊은 내공이 느껴진다. 가느다란 면발은 목구멍으로 부드럽게 스르륵 넘어간다. 묵직한 국물이 부담스럽다면 조금 가벼운 시로라멘 白ラーメン을 주문하자. 면 추가(카에타마 替玉)도 가능하다.

長浜ラーメン力 나가하마 라멘 리키

30년 전통의 나가하마 라멘 리키는 정통 나가하마 라멘을 자신 있게 선보이는 라멘 전문점이다. 자사의 제면 공장에서 뽑아낸 특제 면발에 전통 방식으로 우려낸 돈코츠 국물을 사용해 깊이가 남다르다. 그대로도 맛있지만 테이블마다 놓인 고명을 첨가해 취향에 맞게 맛보자. 메인인 라멘뿐만 아니라 짬뽕, 교자, 볶음밥 등 다양한 메뉴가 포진해 있어 라멘이 먹고 싶지만 일행 중 라멘을 먹지 않는 사람이 있어 고민스러울 때 들르기 좋다.

RAMEN

돈코츠 라멘 ¥550 카마타마라멘 ¥400

Ⓐ 糸島市高田5-24-8
Ⓖ 33.57076, 130.23732 Ⓣ 092-322-9700
Ⓗ 11:00-01:00
Ⓤ ameblo.jp/syoukiya Ⓜ Map → ③-B-2

Ⓐ 糸島市前原中央3-20-19
Ⓖ 33.55981, 130.19988 Ⓣ 092-332-8816
Ⓗ 11:00-14:00, 18:00-03:00 수 휴무
Ⓤ itoshimaramenyuyu.com Ⓜ Map → ③-A-3

이토시마 멘마 라멘 ¥700 멘타이타카나 ¥600

Ⓐ 糸島市志摩松隈16-1
Ⓖ 33.58595, 130.19993 Ⓣ 092-331-7333
Ⓗ 11:00-15:00, 17:00-21:00 수 휴무
Ⓜ Map → ③-C-1

돈코츠 라멘 ¥450 면 추가 ¥100

Ramen 4

笑喜屋 쇼키야

가게 안에 들어서면 레슬링 관련 소품들이 맞이해 주는 조금은 수상한(?) 라멘 전문점. 주인장의 멕시코 프로레슬링 '루차 리브레'를 향한 덕심이 느껴지는 이곳은 이름처럼 '웃음과 기쁨'이 가득한 곳이다. 메인 메뉴는 돈코츠 국물에 간장을 첨가해 깔끔한 맛이 일품인 돈코츠라멘 豚骨ら~めん. 육수 없이 면발에 고기 된장, 가다랑어포, 다진 파, 김 가루 그리고 신선한 이토시마산 생달걀을 얹은 카마타마라멘 釜玉ら~めん도 추천.

Ramen 5

糸島ラーメンゆうゆう 이토시마 라멘 유우유우

2017년 이토시마 구루메 그랑프리 대회에서 '이토시마 멘마 라멘 糸島めんまラーメン'으로 우승을 차지한 실력 있는 가게. 크리미한 돈코츠 국물은 잡맛이 없고 돼지 냄새가 강하지 않아 부담 없이 맛볼 수 있다. 후쿠오카산 라멘 전용 밀가루로 뽑아낸 면발은 반들반들하고 쫄깃한 식감이 일품이다. 명란젓을 올려 비벼 먹는 멘타이타카나 めんたい高菜 도 인기 메뉴.

Ramen 6

べんてん 벤텐

인상 좋은 할아버지, 할머니가 운영하는 라멘 전문점으로 시골의 정겨움이 느껴지는 작은 노포다. 메인은 돈코츠 라멘이지만 야키소바 やきそば, 모츠나베 もつ鍋 등 다양한 메뉴를 판매한다. 또한, 라멘과 밥, 반찬 1종이 나오는 라멘 정식 ラーメン定食과 호르몬과 밥이 함께 나오는 호르몬 정식 ホルモン定食을 650엔이라는 저렴한 가격에 맛볼 수 있다. 여기에 시원한 생맥주를 곁들이면 거짓말 한 스푼 보태 그동안 쌓였던 피로가 싹 가시는 기분마저 든다.

시간이 있다면 여기도

一蘭の森 이치란노모리

이치란 라멘 생산 공장과 박물관을 둘러본 후 이곳에서만 판매하는 깔끔한 소금맛의 시조케톤코츠 市場系とんこつ, 콜라겐이 듬뿍 들어간 지미케돈고츠 滋味系とんこつ를 맛보자.

Ⓐ 糸島市志摩松隈256-10
Ⓖ 33.59347, 130.20211
Ⓣ 092-332-8902
Ⓗ 10:00-21:00(공장 견학 17:00까지)
Ⓟ 돈고츠라멘 ¥790
Ⓤ ichiran.com/mori
Ⓜ Map → ③-C-1

海辺レストラン

SEASIDE RESTAURANT

반짝이는 물빛을 담은 해변 레스토랑

해수면에 일렁이는 무수의 반짝임이 강렬한 에너지를 머금고 해안으로 밀려들어 왔다 다시금 멀어진다. 그와 함께 잠시나마 복잡한 일상을 잊고 오롯이 나라는 존재에 집중할 수 있도록 도와주는 솨- 솨- 지구의 숨소리… 이러한 장면들을 커다란 창에 한가득 담은 공간에서 보내는 느긋하고 여유로운 오후.

CURRENT
커렌트

노기타 해변이 내려다보이는 언덕 위에 위치한 카페 다이닝. 선셋 카페(p.052)의 자매 레스토랑으로 이토시마의 로컬 해변 문화를 이끌어 온 선두주자다. 이국적인 느낌이 물씬 풍기는 창밖 풍경과 내부 인테리어는 휴양지에서 느낄 수 있는 마음의 여유를 선사한다. 이토시마의 신선한 식자재를 사용한 양식을 비롯해 매일 아침 구워내는 빵도 맛볼 수 있으며, 아침 8시부터 10시 사이에 제공하는 모닝 세트도 인기다.

Ⓐ 糸島市志摩野北2290 Ⓖ 33.60857, 130.16186 Ⓣ 092-330-5789
Ⓗ 08:00-19:00(L.O 18:00) 수, 부정기 휴무
Ⓟ 커렌트 세트 ￥1,980부터, 블렌드 커피 ￥480
Ⓤ www.bakeryrestaurantcurrent-2007.com
Ⓜ Map → ②-F-3

イタリアン食堂 Trattoria Giro
이탈리안 식당 트라토리아 지로

이토시마 반도 서쪽, 한적한 해안가에 위치한 독채 레스토랑. 오너이자 셰프인 코바야시 지로와 그의 모친이 운영하는 작은 공간이지만 프라이빗한 해안가 방향으로 난 널찍한 창문 덕분에 넓게 느껴진다. 데체코 파스타 면에 매일 아침 공수하는 이토시마산 식자재가 어우러진 파스타는 트라토리아 지로의 메인 메뉴. 그날 들어온 재료에 따라 내용물은 변동된다. 가게 한쪽에서는 지로 코바야시의 모친이 직접 키운 재료로 만든 잼도 판매하고 있다.

Ⓐ 糸島市志摩岐志3-3
Ⓖ 33.57058, 130.12822
Ⓣ 092-328-0525
Ⓗ 11:30-15:00, 17:30-22:00(L.O 21:30) 월 휴무
Ⓟ 파스타+음료 세트 ¥1780
Ⓤ trattoria-giro.jp
Ⓜ Map → ②-E-2

PUKA PUKA KITCHEN
푸카푸카 키친

드르륵- 날이 좋으면 창문을 전면 오픈하는 별채 공간은 마치 야외 좌석에 앉아 있는 듯한 기분이 들게 한다. 안쪽의 본 건물도 아늑함이 매력적. 메뉴는 양식 위주로 구성되어 있는데, 그중에서도 만지면 톡 터질 듯한 부드러운 오믈렛이 통으로 올라가 있는 오므라이스オムレツライス가 가장 인기이다. 오너가 음악 애호가여서 종종 라이브도 열린다.

Ⓐ 福岡市西区今津4754-1
Ⓖ 33.61642, 130.23187
Ⓣ 092-834-5292
Ⓗ 11:30-22:00 화 휴무
Ⓟ 오므라이스 ¥1200
Ⓤ www.facebook.com/pukapukakitchen1
Ⓜ Map → ①-A-4

sunflower
선플라워

식물의 녹색과 바다의 푸른빛이 조화를 이루는 공간. 날이 좋으면 가게 앞 파라솔은 항상 만석이 되곤 한다. 내부는 넓은 편으로, 어디서 사진을 찍어도 잘 나와 SNS 인증 샷 포인트로도 큰 인기를 끌고 있다. 메뉴는 해산물 중심의 양식과 하와이안 팬케이크, 신선한 과일을 갈아 만든 스무디까지 다양하다. 가장 추천하는 메뉴는 신선한 해산물이 가득 들어간 비주얼, 맛 모두 최고인 시푸드 카레 シーフードカレー.

Ⓐ 福岡市西区今津44201
Ⓖ 33.61874, 130.23136
Ⓣ 092-834-8769
Ⓗ 11:30-22:00(런치 11:30-15:00) 목 휴무
Ⓟ 시푸드 카레 ¥1280
Ⓤ blog.livedoor.jp/sunflower44201
Ⓜ Map → ①-A-4

SEAFOOD

이토시마 바다 음미

08。 海の幸

이토시마 바다에서 갓 건져 올린 해산물들을 맛봄은 이토시마 바다를 가장 가까이 음미할 수 있는 방법이다. 금방이라도 꿈틀 튀어 올라 바다로 뛰어들 듯 신선한 해산물을 천천히 곱씹으며 창밖 에너지 가득한 앞바다를 내다보면 입안에도 파도가 철썩, 철썩 치듯 그 힘이 고스란히 전해진다.

수건은 대여가 불가하니 온천을 이용할 예정이라면 반드시 챙겨 가자!

喜八荘 키하치소

Seafood. 1)

Ⓐ 糸島市二丈吉井3504-1 Ⓖ 33.50237, 130.07112
Ⓣ 092-326-5011
Ⓗ 런치 11:00~15:00(L.O) 디너 17:00-20:00(L.O)
Ⓟ 유아가리 세트 ¥1600
Ⓤ www.wakon-kihachisou.com
Ⓜ Map → ④-E-1

신선한 해산물 요리도 맛보고 온천욕도 할 수 있는 곳이다. 사실 숙소이기는 하지만 숙박 프로그램보다는 해산물 덮밥과 온천욕을 함께 즐길 수 있는 유아가리 세트 湯上りセット를 추천한다. 1600엔이면 새우 튀김 天丼, 오징어 イカ丼, 다랑어 鉄火丼, 전갱이 あじ丼 덮밥 중 하나와 사시미, 기본 찬이 포함된 세트 메뉴를 맛보고 노천탕도 이용할 수 있다. 사실, 온천보다는 대욕탕에 가까운 시설이지만, 하루 일정을 마치고 고된 몸을 쉬어 가기에는 충분하다. 특히 해 질 녘에 몸을 담그고 있으면 이만한 행복도 없다.

侍寿し 사무라이스시

Seafood. 2)

Ⓐ 糸島市前原西1-6-18 Ⓖ 33.55827, 130.19801
Ⓣ 092-322-3305 Ⓗ 11:00-22:00 목 휴무
Ⓟ 히가와리 세트 A ¥860 히가와리 세트 B ¥670
Ⓜ Map → ③-A-2

1970년에 오픈한 스시 전문점으로 3층 건물에 100석에 달하는 좌석이 준비되어 있다. 매일 아침 오너가 직접 이토시마 직판장에서 신선한 재료를 사와 그날그날 새로운 메뉴를 만들어 내놓는다. 스시 메뉴뿐만 아니라 합리적인 가격에 맛볼 수 있는 점심 세트, 히가와리 런치 日替わりランチ가 특히 인기다. 히가와리 세트 A는 밥과 7종류의 반찬이, 세트 B는 5종류의 반찬이 나온다.

SEAFOOD

+PLUS

선선할 때는 이토시마 굴!

이토시마는 신선하고 안전한 해산물을 맛볼 수 있는 것으로 유명한데, 그중에서도 '굴'은 많은 사람을 이곳으로 불러모으는 역할을 하고 있다. 매년 11월부터 3월 말까지 여섯 군데 어항에서 굴을 판매하며, 이곳들을 중심으로 굴 하우스도 함께 오픈한다. 굴 하우스에서는 굴구이를 비롯해 다양한 해산물을 함께 맛볼 수 있으니 시기가 맞는다면 꼭 가 보길 추천한다.

Ⓤ foitoshima.jf-net.ne.jp/kaki

魚庄
우오쇼

Seafood. 3)

Ⓐ 福岡市西区今津4430-1 Ⓖ 33.61843, 130.23106
Ⓣ 092-806-5030 Ⓗ 11:00-21:00
Ⓟ 우오쇼고젠 ¥2916
Ⓤ www.facebook.com/uoshyo Ⓜ Map → ①-A-4

어항에서 직접 확인하고 들여오는 신선한 자연산 활어를 맛볼 수 있는 곳이다. 채소 또한 생산자에게서 직접 구입해 온다고. 모든 식자재를 직거래로 들여오기 때문에 품질이 뛰어나면서도 저렴한 가격으로 음식을 제공할 수 있다고 한다. 회, 덴뿌라 등 총 11종의 반찬이 나오는 정식 우오쇼고젠 魚庄御膳은 여성은 수요일, 남성은 금요일에 한해 절반 가격에 맛볼 수 있다.

ざ魚
자코

Seafood. 4)

Ⓐ 糸島市前原西1-6-3 Ⓖ 33.5576, 130.19765
Ⓣ 092-323-5511
Ⓗ 런치 11:00-13:30 디너 17:30-22:00 월 휴무
Ⓟ 히가와리 런치 ¥800 Ⓜ Map → ③-A-2

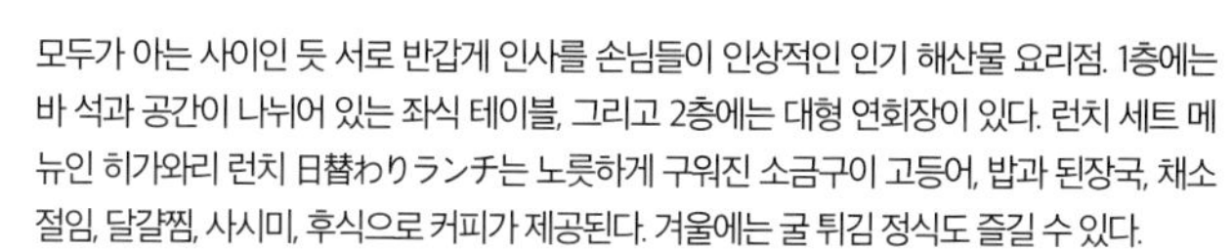

모두가 아는 사이인 듯 서로 반갑게 인사를 손님들이 인상적인 인기 해산물 요리점. 1층에는 바 석과 공간이 나뉘어 있는 좌식 테이블, 그리고 2층에는 대형 연회장이 있다. 런치 세트 메뉴인 히가와리 런치 日替わりランチ는 노릇하게 구워진 소금구이 고등어, 밥과 된장국, 채소 절임, 달걀찜, 사시미, 후식으로 커피가 제공된다. 겨울에는 굴 튀김 정식도 즐길 수 있다.

시간이 있다면 여기도

活魚茶屋 ざうお本店
카츠교차야 자우오혼텐

이토시마 동부 해안 낚시터 옆에 있는 활어 요리점이다. 이곳을 이토시마의 유명 스폿으로 만든 것은 다름 아닌 야자나무 그네! 가게에 들르지 않더라도 인생 샷을 찍으러 가 보자.

Ⓐ 福岡県福岡市西区小田79-6
Ⓖ 33.62902, 130.22685 Ⓣ 092-809-2668
Ⓗ 11:30-22:00 Ⓤ www.zauo.com
Ⓜ Map → ①-B-4

INTERNATIONAL CUISINE

09.
各国料理

이토시마에서 만나는 세계 요리

이토시마처럼 작은 마을에 과연 세계 요리 맛집이 있을까 의심할지도 모르지만, 있다. 심지어 현지에서 가게를 냈어도 잘됐을 법한 퀄리티 높은 곳들이다. 게다가 리즈너블한 가격에 인심까지 푸짐하니 먹어 보지 않을 이유가 있겠는가!

스태미나 런치 세트 ¥1000

NEPAL

판체타와 시금치 파스타 ¥1000

ITALY

いとモモ ネパールカフェ
이토모모 네팔 카페

Spot. 1 

네팔 현지의 맛을 그대로 느낄 수 있는 네팔 요리 전문점. 가게 안으로 들어서면 진한 향신료 냄새가 코를 자극하고 힌두교와 관련된 장식품들이 눈길을 끈다. 점심시간에는 한 종류의 카레와 난 혹은 라이스, 샐러드, 음료가 포함된 세트 메뉴를 850엔 전후로 맛볼 수 있다. 카레 메뉴 외에 모모라는 네팔 만두도 괜찮으니 맛보자. 런치, 디너 모두 난과 라이스는 무한 제공하고 있다.

Ⓐ 糸島市前原中央2-3-2
Ⓖ 33.55858, 130.19849
Ⓣ 050-3631-3030
Ⓗ 런치 11:00~15:30
디너 17:00~22:30 화 휴무
Ⓟ 런치 세트 ¥750부터, 모모 ¥600
Ⓜ Map → ③-A-3

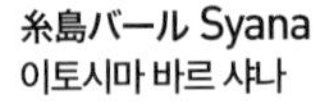

糸島バール Syana
이토시마 바르 샤나

Spot. 3

유럽 거리에 있는 집을 그대로 옮겨 놓은 것 같은, 오렌지색 지붕과 흰색 벽, 귀여운 빨간 대문이 있는 레스토랑. 늦은 점심시간까지도 손님이 바글바글하다. 실내와 테라스에 각각 좌석이 있는데 날씨가 좋다면 고민하지 말고 테라스로 나가자. 지역 농장에서 매일 들여오는 신선한 식자재로 만드는 이탈리아 요리와 카레, 그리고 수제 디저트 등을 즐길 수 있다.

Ⓐ 糸島市二丈深江2129-12
Ⓖ 33.51277, 130.13039
Ⓣ 092-325-2655
Ⓗ 11:30-16:00(L.O 15:30) 목 휴무
Ⓟ 파스타 ¥800부터, 카레 ¥850
Ⓤ www.syana.jp Ⓜ Map → ④-E-3

INTERNATIONAL CUISINE

Duangjan
두왕짠

Spot. 3

이토시마 서부 해안에 위치한 태국 요리 전문점으로, 태국 정부에게 인증받은 가게이다. 150년 전 건축된 고민가를 개조하여 레트로한 분위기로 재탄생시켰으며, 내부에서는 바다가 시원하게 내다보이고 야외 테이블 석의 뷰도 훌륭하다. 전통적인 태국 요리를 제공하지만 재료는 이토시마산을 고수하며, 패냉 카레 パネーンカレー로 이토시마 고메 그랑프리에서 우승을 거머쥐기도 했다. 태국식 쌀국수 센렉 남 センレックナームも 인기가 많으니 꼭 맛보자.

Ⓐ 糸島市二丈深江2129-18
Ⓖ 33.51214, 130.12934 Ⓣ 092-325-3986
Ⓗ 런치 11:00-15:00(L.O 14:30)
티 타임 14:30-17:00(주말, 공휴일 한정)
디너 17:00-21:00(L.O 20:00)
Ⓟ 패냉 카레 ¥1480 센렉 남 ¥880
Ⓤ duangjan.net Ⓜ Map → ④-E-3

Hi Ho
하이호

Spot. 4★

베트남 뒷골목에 앉아 있는 듯한 착각을 들게 하는 베트남 식당 하이호. 전직 배우 겸 작가 키타야마는 베트남 여행에서 맛본 반미 맛을 잊을 수 없어 직접 가게를 오픈하게 되었다고 한다. 반미라는 베트남식 샌드위치는 고향의 향수를 달래려는 베트남 유학생에게 특히 인기. 저녁 5시 30분부터 7시까지 쏨땀과 까이양, 맥주 세트를 1000엔에 맛볼 수 있는 해피아워를 놓치지 말자.

Ⓐ 糸島市前原中央3-1-15
Ⓖ 33.55974, 130.19937
Ⓣ 092-334-1511
Ⓗ 런치 11:00-15:00
디너 17:30-22:00 화 휴무
Ⓟ 반미 ¥540 쏨땀 ¥500
Ⓤ hi-ho.business.site Ⓜ Map → ③-A-3

SPEAK EASY

BAR

기린사의 필스너 스타일 맥주 '하트랜드 HeartHand'도 마실 수 있다!

10。 お酒

술에, 분위기에, 사람에 취하는 밤

술집 카운터 석에 앉아 오너, 옆자리 사람들과 즐겁게 이야기를 나누며 한 잔 기우는 것.
그것만큼 기분 좋은 하루의 마무리가 있을까? 이토시마의 술집들은 이러한 부분에서 완벽하다.
처음 보는 외지인에게도 살갑게 인사를 건네는 사람들, 그리고 맛있는 술, 음식...
벅차오르는 기분과 취기는 잊을 수 없는 추억과 '사람'을 남겼다.

SPEAK EASY
스피크 이지

함께 운영하는 레코드 숍 때문에 얼핏 보면 평범한 음반 가게처럼 보이지만 비밀스러운 파란 문을 열면 멋진 바가 나온다. '스피크 이지'라는 이름과 어울리는 이 비밀스러운 공간에서는 처음 찾는 사람도, 단골도 누구나 친구가 될 수 있다. 식사 메뉴부터 간단히 먹기 좋은 안주 메뉴까지 알차게 준비되어 있으며 알코올 메뉴도 일본주, 와인, 칵테일 등 종류를 불문한다. 카운터 석에 앉아 오너 카요, 그리고 단골 손님들과 떠들다 보면 과음을 하게 될지도 모르니 주의! 소울 음악을 하는 카요가 간간히 공연과 자신이 운영하는 셀렉트 숍의 팝업스토어를 열기도 한다. 가게 오픈 시간은 오후 5시이지만 운영방침(?)이 자유로워 늦게 여는 일도 왕왕 있으니 조금 느긋하게 찾아가자.

Ⓐ 糸島市前原中央3-20-7 Ⓖ 33.55992, 130.19951 Ⓣ 092-332-2380
Ⓗ 17:00-01:00 수 휴무 Ⓟ 병맥주 ¥500 칵테일 ¥650부터
Ⓜ Map → ③-A-3

BAR

駅前のバル
에키마에노바르

'역 앞 바'라는 가게 이름 그대로 지쿠젠마에바루역 앞 파출소 건너편 건물 모퉁이에 위치한 작은 와인 바다. 이토시마의 식자재와 조미료에 고집한 합리적인 가격의 스페인 요리를 내놓는다. 혼자서도 가볍게 와인 한잔하기 좋은 분위기이지만, 대화를 좋아하는 오너와 시끌벅적한 단골들 덕분에 어느새 그들과 합석하여 즐겁게 떠들고 있을지도 모른다. 가장 추천하는 메뉴는 이토시마산 생선들을 예쁘게 담아낸 사시미 세트. 가격 대비 퀄리티가 훌륭하며 화이트와인과 가볍게 맛보기 딱이다.

Ⓐ 糸島市前原中央2-1-21 駅前ビル 1F
Ⓖ 33.55747, 130.19842 Ⓣ 092-324-1022
Ⓗ 12:00-22:00 수 휴무
Ⓟ 사시미 ¥1000, 단품 요리 ¥200부터, 하우스와인 ¥600
Ⓤ www.facebook.com/ekimaenobaru
Ⓜ Map → ③-A-2

焼とりの八兵衛
야키토리노하치베이

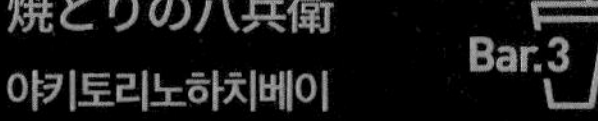

보통 야키토리 전문점 하면 떠오르는 올드한 이미지와는 상반된 곳이다. 깔끔한 내부 인테리어와 카운터 석 바로 앞에서 펼쳐지는 야키토리 숯불구이 퍼포먼스가 매력적이다. 야키토리노하치베이의 오너 야시마 카츠노리는 하와이 로컬들이 아침에는 서핑을 하고 오후에는 즐겁게 일하는 라이프스트일을 하치베이에도 녹여내고 싶었다고 한다. 그래서 야키토리를 구워내는 모습이 그토록 멋졌던 것일까? 이제는 이토시마뿐만 아니라 일본, 대만, 하와이까지 분점을 내며 하카타 스타일 야키토리의 글로벌화를 이뤄낸 하치베이로 한잔하러 가자.

Ⓐ 糸島市前原中央3-20-5
Ⓖ 33.55979, 130.19956 Ⓣ 092-324-1986
Ⓗ 17:30-23:00(L.O 23:30) 월 휴무
Ⓟ 야키토리 ¥120부터, 생맥주 S ¥420
Ⓤ hachibei.com Ⓜ Map → ③-A-3

愛島キッチン
이토시마 키친

매일 이토시마산 해산물을 들여와 내놓는 가성비 좋은 해산물 이자카야. 1층은 카운터 석, 2층은 테이블 석과 좌식으로 구분되어 있어 두 명 이상이 함께 찾았다면 편하게 앉을 수 있는 좌식에 자리 잡자. 가장 추천하는 메뉴는 여러 종류의 생선을 즐길 수 있는 모듬회. 사케도 글라스로 판매하니 일본 전국 사케의 맛을 비교하며 즐겨 보자. 점심시간에는 비교적 저렴한 가격으로 신선한 해산물 덮밥을 맛볼 수 있다.

Ⓐ 糸島市前原中央2-4-16 Ⓖ 33.55855, 130.19952 Ⓣ 092-321-0111 Ⓗ 12:00-24:00 Ⓟ 모듬회 ¥1500 ¥사케680
Ⓤ www.wakon-kihachisou.com Ⓜ Map → ③-A-3

1
POTTERY

2
WOODCRAFT

3
LEATHER&DENIM

4
SELECT SHOP

5
ZAKKA

6
LOCAL SHOPPING

[THEME]
ART FESTIVAL

[THEME]
ONE DAY CLASS

MADE IN ITOSHIMA

이토시마에서 쇼핑을 한다는 것은 기존의 쇼핑과는 조금 다른 의미를 가진다. 공방에 찾아가 아티스트의 마음이 담긴 작품을 만나는 것. 신념을 가지고 땀 흘려 일군 생산자의 작품을 맛보는 것. 이토시마에서의 쇼핑은 따뜻함, 그리고 열정을 느끼는 시간이다.

2. 窯元ろくろ
가마모토 로쿠로

Ⓐ 糸島市志摩桜井2607 Ⓖ 33.62359, 130.19528
Ⓣ 092-327-4815 Ⓗ 11:00-16:30 월-금 휴무
Ⓤ www.kamaroku.com Ⓜ Map → ①-B-2

도예가 아사미 다이스케는 고향인 나고야와 가라쓰에서 도자기 수업을 수료 후 이토시마로 넘어와 130년 된 고민가를 최대한 옛 모습 그대로 살려 개조해 공방을 열었다. 나고야와 가라쓰, 두 지역의 도자기 특징을 혼합한 스타일로 심플한 형태에 기능성과 아름다움을 겸비했다. 대표 작품은 잔잔한 바다가 바람에 흔들리는 모습에서 영감을 받은 물결 시리즈.

가격 미정

1. うつわと手仕事の店 研
그릇과 수제 공방 켄

Ⓐ 糸島市志摩初232 Ⓖ 33.58218, 130.18067
Ⓣ 092-327-2932 Ⓗ 11:00-17:00 화 휴무
Ⓤ kengama.com Ⓜ Map → ②-E-4

자타공인 이토시마 아티스트들의 대표이자 책임자인 츠루가 켄지의 도자기 공방이다. 고등학교 수업 시간에 그릇을 만들었던 감각을 잊지 못해 결국 다니던 대학까지 중퇴하고 코이시하라야키라는 유명 도기 제조소에서 수행했다. 심플하고 사용상 편의를 고려한 디자인을 추구하는 작품 활동과 동시에 크래프트 페스티벌을 개최하는 등 이토시마 아티스트 지원에도 힘쓰고 있다.

¥2500

陶磁器

Made in Itoshima Pottery — 도자기

매일, 오랫동안 사용하며 기억하고 싶은 도자기

제작자의 손길이 그대로 느껴지는 도자기. 곁에 두고 자주 사용하면 할수록 만든 이의 마음이 점점 더 명확해진다. '사용하는 이가 자주 써 줬으면, 건강했으면, 행복했으면…' 하는 마음. 이렇게 도자기에 가득 찬 따스한 마음을 매일, 오랫동안 사용하며 기억하고 싶다.

갤러리의 반대편 공방은 미리 예약을 하면 누구나 수업에 참가할 수 있다. 백, 흑, 황, 청, 핑크 다섯까지 유약 중 색깔 하나를 선택하면 구워서 1-2개월 후 택배로 보내준다

3. MUSICA
뮤지카

¥2700

창고를 개조한 공방 겸 갤러리 안으로 들어서면 정성껏 빚어 구워낸 다양한 도자기들이 선반 위에 진열되어 있다. 도예가 코지마 카즈타카는 라틴어로 음악을 의미하는 '뮤지카'라는 공방 이름처럼 언제나 라틴 음악과 함께 즐겁게 작업한다고. 그의 작품은 이토시마 특산품인 굴 껍데기를 함께 구워 유약과의 반응을 이용, 생선 빛 그러데이션을 표현한 것이 특징이다.

Ⓐ 糸島市志摩桜井5407 Ⓖ 33.62238, 130.1889 Ⓣ 090-327-3274
Ⓗ 11:00-18:00 부정기 휴무 Ⓟ 수업료 ¥2000 머그컵 ¥2700
Ⓤ www.kojimusica.com Ⓜ Map → ①-B-1

4. うつわ工房　ととうや
그릇 공방 토토우야

Ⓐ 糸島市志摩岐志1373-3 Ⓖ 33.57618, 130.12003
Ⓣ 092-332-8449 Ⓗ 11:00-17:00 화·수 휴무
Ⓤ toto-ya.jimdo.com Ⓜ Map → ②-E-2

¥1600

이토시마 반도 서부 해안에 홀로 서 있는 하얀 컨테이너 하우스가 토토우야 공방이다. 조금은 삭막해 보이는 외관이지만 문을 열고 들어서면 올리브색에 둘러싸인 편안한 공간 속, 웃음이 사랑스러운 마스코트 '토토코'가 기다리고 있다. 미니 화병, 배지, 그릇 등 토토코를 메인으로 한 작품부터 커피를 마실 때 쓰고 싶은 커피 원두 문양이 콕콕 박힌 머그잔까지 도예가 토츠구 카즈의 손을 거친 실용적이면서도 귀여운 작품들이 가득하다. 사전에 예약하면 도예 수업(p.105)에도 참여할 수 있으니 관심이 있다면 체크해 보자.

5. 陶工房 Ron
도자기 공방 론

Ⓐ 糸島市志摩小金丸1873-19 Ⓖ 33.59145, 130.14914
Ⓣ 092-327-4680 Ⓗ 11:00-17:00 부정기 휴무
Ⓤ toukoubouron.jimdo.com Ⓜ Map → ②-E-3

다니던 직장을 그만두고 도예가의 길을 선택한 오우치 료타로. 도예를 배우기 위해 찾았던 아이치현의 도기 제조소에서 아내 유미를 만나 2008년 이토시마에서 함께 도자기 공방을 오픈했다. 북극곰, 펭귄, 자신이 키우는 고양이를 모티브로 한 귀여운 동물 문양의 그릇부터 상감 기법, 면치기 기법 등을 활용한 고급스러운 느낌의 그릇까지 다양한 느낌의 작품을 제작하고 있다. 영업시간인데 문이 잠겨 있다면 벨을 꾸욱 눌러 문을 열어 달라고 하자.

한국에서 왔다고 하니 반가워하며
오름 가마까지 보여 주었다!

6. 高麗窯
코라이가마

Ⓐ 糸島市志摩芥屋157 Ⓖ 33.58656, 130.12091
Ⓣ 092-328-2353 Ⓗ 10:00-17:00
Ⓜ Map → ②-E-2

키시 항구에서 케야노오토 방면을 따라 달리다 보면 왼편에 코라이가마란 간판이 눈에 들어온다. 1971년에 오픈한 이곳은 이토시마 내 도자기 역사에 한 획을 그었다고 할 수 있다. 공방 이름을 고려(코라이)라고 지은 것은 일본의 도자기가 한반도의 영향을 받았기 때문에 존경의 마음을 담은 것이라고. 갤러리 안과 밖에는 투박하고 중후한 느낌의 크고 작은 가라쓰야키 그릇들이 가득 진열되어 있다.

1.

木工

Made in Itoshima

Woodcraft

목공예

자연의 시간과 **사람의 마음을 담아서**

목재는 따뜻하다. 그 고유의 질감과 향에서 오는 안정감과 멋스러움은 어떠한 재료로도 대체될 수 없다. 목재에는 자연의 시간이 빼곡히 기록되어 있고, 그것에 손을 거친 사람들의 마음이 고스란히 담겨 있기 때문이다. 훌쩍 떠나온 타지에서 목공예품을 만나는 것은 그곳의 자연, 그리고 사람을 만나는 것이다.

2.

캔 스툴 Can Stool은 아코디안의 대표 상품

1. DOUBLE = DOUBLE FURNITURE
더블 더블 퍼니처

더블 더블 퍼니처의 오너이자 목공예가인 사카이 와타루는 제품에 사용하는 사람들이 행복했으면 하는 마음을 담는다. 부담 없이 매일 사용하고 싶은 군더더기 없는 디자인의 주방용품이 메인 상품인데, 심플함 속 디테일이 눈길을 끈다. 공방과 쇼룸을 겸하고 있는 매장에서는 제품을 직접 보고 구매할 수 있다.

Ⓐ 糸島市志摩芥屋1-1 Ⓖ 33.58698, 130.12252
Ⓣ 092-328-2010 Ⓗ 11:00-17:00 부정기 휴무
Ⓤ www.dd-furniture Ⓜ Map → ②-E-2

2. Woodwork furniture akodeon
우드워크 퍼니처 아코디언

세상에 없던 새로운 창작물을 만들고, 사람의 손때가 묻은 가구와 공간에 새로운 생명을 불어 넣는작업을 하는 아코디언. 이토시마의 커피 우니도스(p.070), 굿 데일리 헌트(p.098), 게스트하우스 이토요리(p107)의 인테리어는 모두 아코디언의 작품. 공방은 일주일에 단 하루, 수요일마다 오픈하는데, 특이하게도 공방에서 상품 전시뿐만 아니라 카페를 함께 운영한다.

Ⓐ 糸島市三雲530 Ⓖ 33.53911, 130.24042
Ⓗ 13:00-19:00 목-화 휴무
Ⓤ akodeon.jimdo.com Ⓜ Map → ③-A-2

한때 이토시마 산림은 무분별하게 자란 삼나무와 편백 나무로 어지럽혀져 있었다. 2013년 오픈한 목재 저장소 '이토산산 伊都山燦'은 이토시마의 산림을 재생하고 지역 목공예가들의 활동을 응원하는 데 이바지하고 있다.

3.
家具工房 CLAP
가구 공방 CLAP

자신만의 속도로 가구를 만들어 나가는 야마모토 나오키의 가구 공방. 2000년, 처음에는 간판도 없이 부모님이 운영하는 양장점에서 가구 제작을 시작했다. 하지만 소음, 공간 등의 문제로 2006년부터 이토시마로 거처를 옮겨 '가구 공방 CLAP'이라는 명판을 달고 제품 제작에 돌입했다. 혼자 제작하기에 속도는 느리지만, 그만의 특색이 묻어나는 가구와 커틀러리, 액자 등을 만들고 있다.

Ⓐ 糸島市志摩小金丸1870-1
Ⓖ 33.59035, 130.15069 Ⓣ 092-327-2289
Ⓗ 11:00-17:00 화수 휴무
Ⓤ clap-furniture.com Ⓜ Map → ②-E-3

4.
手づくり玩具の おれんじ村
수제 완구 오렌지무라

적막한 숲속, 오두막에서 들려오는 사각사각 나무 깎는 소리가 이곳이 공방임을 알린다. 오렌지무라의 오너 마츠다 신이치는 다니던 직장을 그만두고 어릴 때부터 좋아했던 장난감 만들기를 시작했다고 한다. 어린아이가 입에 넣어도 안전한 친환경 목재로 만든 장난감을 판매하며, 동물 퍼즐 맞추기, 고무줄 총 등을 함께 만드는 장난감 워크숍도 진행하는데 어린이부터 어른까지 누구나 참가 가능하다.

Ⓐ 福岡市西区宮ノ浦1914
Ⓖ 33.64297, 130.2226 Ⓣ 092-809-1355
Ⓗ 11:00-17:00 화·목 휴무
Ⓜ Map → ①-C-3

MADE IN ITOSHIMA

革 & デニム

Made in Itoshima

Leather & Denim

가죽 & 데님

한 땀 한 땀 공들여 견고하게

가죽과 데님, 두 원단의 가장 큰 공통점은 '오래 쓸수록 묻어나는 멋'일 것이다. 손때가 묻고, 색이 바래고, 상처가 생기더라도 그것이 멋이고, 만든 이와 사용하는 이의 컬래버레이션으로 탄생한 오리지널리티다. 그러기에 가죽과 데님을 만지는 크리에이터들은 오늘도 한 땀 한 땀 더욱 공을 들인다. 이 제품이 당신과 조금이라도 오래 함께할 수 있도록.

1.

BLESS LEATHER
블레스 레더

Ⓐ 糸島市二丈福井5450 Ⓖ 33.50405, 130.08826
Ⓣ 092-338-8043 Ⓗ 10:00-17:00 화 휴무 Ⓟ 코인 케이스 ¥9180
Ⓤ blessleather.com Ⓜ Map → ④-E-1

2014년 뉴질랜드에 있을 당시 물건을 오랫동안 소중하게 사용하는 뉴질랜드인들의 모습에 반한 이데 에이시. 동시에 그곳에서 지금의 아내를 만나게 되었고 일본에 돌아와서 자신이 느꼈던 감동을 가죽 제품에 녹여내기 시작했다고 한다. 그것이 블레스 레더의 시작. 이데는 가죽이 가지고 있는 성질과 모습을 최대한 살린, 오래 쓸 수 있는 제품 제작에 공을 들이고 있다. 가게 한쪽에서 뉴질랜드 잡화도 함께 판매한다.

Duram Factory
듀람 팩토리

Ⓐ 糸島市泊647-2 Ⓖ 33.5793, 130.21546 Ⓣ 092-332-9208
Ⓗ 11:00-18:00 수 휴무 Ⓟ 가죽 안경 케이스 ¥5800
Ⓤ www.duram.jp Ⓜ Map → ③-C-1

이토시마발 가죽 제품 브랜드로, 가죽 제품에 관심 있는 사람들 사이에서 꾸준히 사랑받고 있는 곳이다. 자연스러운 질감의 가죽을 사용하며 정성을 담아 하나하나 손으로 만든다. 식물성 타닌으로 무두질한 가죽은 튼튼하고 쓰면 쓸수록 멋스러움을 더한다. 키홀더처럼 콤팩트한 제품부터 대용량 가방까지 개성 강한 라인업. 이름을 새기는 서비스도 제공하고 있어 선물용으로 좋다.

2.

3.

WILD MART
와일드 마트

Ⓐ 糸島市志摩西貝塚199 Ⓖ 33.57544, 130.14235
Ⓣ 090-1086-9952 Ⓗ 11:00-19:00 월-금 휴무 Ⓟ 커피 ¥500
Ⓤ www.facebook.com/wildmart54 Ⓜ Map → ②-E-3

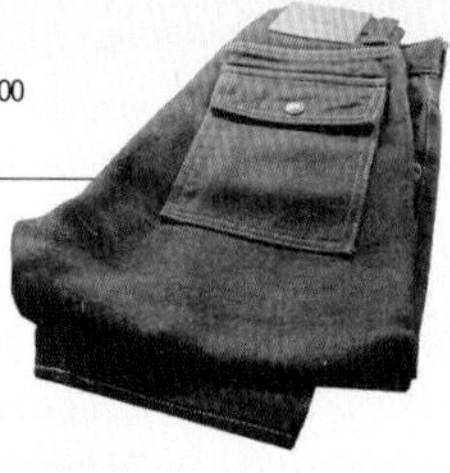

조용한 숲속, 야마키타 마사토가 직접 돌을 쌓아 만든 수제 청바지 공방. 주말이면 단골손님들이 모여들어 따뜻한 커피와 함께 담소를 나누는 아지트이다. 이 집의 간판 상품은 주인장이 직접 디자인해 오카야마 원단으로 만든 청바지. 평일에는 농사를 짓고 주말에만 영업한다.

セレクトショップ

Made in Itoshima

Select shop

셀렉트 숍

취향 가득, 이유 있는 선택

가게 곳곳에서 느껴지는 오너의 취향. 직접 찾아내고, 써 보고, 좋아서 소개하는 제품들. 다양한 브랜드 제품들이 모여 있지만, 그들이 지향하는 바는 한 곳을 향하고 있다. 어떻게 이 제품들이 이곳에 오게 되었는지 그 이야기가 궁금해진다.

1.

humming joe
허밍 조

Ⓐ 糸島市二丈浜窪179-1 Ⓖ 33.53813, 130.15545
Ⓣ 092-325-3690 Ⓗ 11:00-18:00
Ⓤ shop.hummingjoe.com Ⓜ Map → ④-F-3

북유럽과 영국에서 1년에 3회 직접 가구를 셀렉해 들여오는 곳. 이토시마에 숍을 낸 이유는 북유럽과 닮은, 느긋하게 시간이 흐르는 마을이어서라고. 쇼룸 1층에는 빈티지 테이블과 의자, 머그잔, 패브릭 제품 등 다양한 종류의 상품들이, 2층에는 디자이너스 소파가 진열되어 있다. 병설 공방에서는 가구의 메인터넌스 서비스도 제공한다.

2.

くらすこと
쿠라스코토

Ⓐ 糸島市二丈深江2646-1 Ⓖ 33.50828, 130.13833
Ⓣ 092-332-9302 Ⓗ 11:00-17:00 화·수 휴무
Ⓤ www.kurasukoto.com Ⓜ Map → ④-E-3

오너 후지타 유미가 직접 써 보고 좋았던 것, 매일 쓰고 싶은 것을 셀렉하여 판매하는 숍이다. '생활의 기준을 만드는 것'의 중요성을 강조하는 후지타는 이에 도움이 될 만한 내용을 웹매거진에 게재하고 있으며 2018년 10월에는 단행본으로도 엮을 예정이다. 숍에서는 다양한 잡화를 판매할 뿐만 아니라 여름철에는 빙수를, 가을부터 봄까지는 제철 음식으로 만든 식사도 맛볼 수 있다.

3.

KifuL
키풀

Ⓐ 福岡市西区横浜1-23-7 Ⓖ 33.58542, 130.26318
Ⓣ 092-834-6118 Ⓗ 11:00-19:00 수 휴무
Ⓤ www.kiful.com Ⓜ Map → ③-C-3

'좋은 물건을 소중히 사용하는 삶'이라는 캐치프레이즈를 표방하는 가구 & 잡화 셀렉트 숍. 점장 키모토 다이스케가 직접 국내외에서 입수한 인테리어 아이템을 판매하며, 홈페이지에 매번 새로 입고한 제품과 제품의 스토리, 셀렉한 이유 등을 게시하고 있다. 또한, 영국 왕실에서 들여온 페인트와 벽지, 커튼으로 사용할 수 있는 린넨 원단 등도 구비하고 있어 셀프 인테리어에 관심 있는 사람들에게도 인기를 끌고 있다.

雜 貨

Made in Itoshima Zakka

잡화

일상에 자극을 주는 **매력적인 제품들**

일본의 잡화 雜貨는 서양권에서 작카 Zakka라고 번역될 정도로 흔히 떠올리는 '잡화'와는 다른 방향성을 띤다. 일상생활에서 사용하는 평범한 제품이지만 그 안에 '무언가'가 느껴지는, 매력적이면서도 센시티브한 패션 & 디자인 현상. 그것이 바로 일본의 잡화다.

1.

GOOD DAILY HUNT
굿 데일리 헌트

Ⓐ 糸島市前原西1丁目7-20矢野ビル2F Ⓖ 33.55802, 130.19714 Ⓣ 092-332-8994
Ⓗ 화-금 12:00-19:00 토 11:00-18:00 일·월 휴무 Ⓤ www.facebook.com/gooddailyhunt
Ⓜ Map → ③-A-2

2.

麻と木と
아사토키토

Ⓐ 糸島市志摩小富士1251-4 Ⓖ 33.56098, 130.16784 Ⓣ 092-328-0677
Ⓗ 11:00-17:00 Ⓤ ameblo.jp/itoshima-asatokito Ⓜ Map → ②-D-4

3.

Hanatolife
하나토라이프

Ⓐ 糸島市二丈浜窪390-2
Ⓖ 33.53821, 130.15468 Ⓣ 092-325-1915
Ⓗ 10:00-18:00 월, 두 번째 수요일 휴무
Ⓤ hanatolife.wordpress.com Ⓜ Map → ④-F-3

4.

an one
앤 원

Ⓐ 糸島市志摩野北1158
Ⓖ 33.61767, 130.17242 Ⓣ 092-327-0818
Ⓗ 12:00-16:00 일-금 휴무 Ⓤ an-one.com
Ⓜ Map → ①-A-1

① 지쿠젠마에바루역 근처에 위치한 아웃도어 굿즈 & 어패럴 숍. '이토시마에 더욱 많은 사람이 찾아오게 하기 위해 내가 할 수 있는 일은 뭘까?'라는 고민에서 도심이 아닌, 이토시마에 가게를 오픈했다는 오너 하야시 히로유키. 그의 이토시마에 대한, 아웃도어 제품에 대한 애정이 느껴지는 가게다. 도쿄의 아웃도어 메카에서 15년 간 근무한 경험과 연고를 바탕으로 규슈 각지의 아웃도어 매장에 브랜드를 소개하고 판매하는 일도 겸하고 있다. 굿 데일리 헌트에 진열된 제품들은 요즘 가장 핫한 아웃도어 제품들. 하야시에게 제품 설명을 부탁하면 그 제품에 담긴 히스토리를 줄줄 이야기해 준다.

② 오너 미조가와 부부가 2015년 4월, 100년 된 고민가를 개조해 오픈한 잡화점이다. 마음이 편안해지는 상품과 공간을 제공하기 위해 다양한 시행착오를 거치며 자신들만의 색깔을 만들어 가고 있다. 천연 소재의 의류와 목공예품, 액세서리, 생활 잡화 등을 판매하며 정기적으로 마르쉐와 워크숍도 개최한다.

③ 오너 이시카와 토모유키가 제작한 오리지널 액자부터 국내외에서 수집한 약 900여 종의 액자를 판매하는 숍. 그림이나 사진을 가지고 가면 그에 맞는 액자를 제작해 주는 서비스를 제공하고 있으며, 공간 한편에서는 그가 직접 셀렉한 잡화도 함께 판매한다. 2층은 이시카와의 아내가 운영하는 100% 예약제 헤어 살롱이 있다.

④ 앤 원은 조센지 常泉寺라는 절 부지 안에 위치한 의류 공방으로, 창고였던 곳을 개조해 작지만 알찬 쇼룸으로 활용하고 있다. 앤 원의 오너이자 디자이너인 우에스기 토모코는 실생활에서 편하게 입을 수 있는 린넨 소

재를 활용한 의류를 메인으로 디자인하며, 이것을 이토시마의 봉제 공장에서 제작, 공방으로 옮겨온 뒤 한 장 한 장 수작업으로 검품을 진행한다. 일요일부터 금요일까지는 제품 제작에 집중하며, 쇼룸은 토요일에만 오픈한다.

⑤ 마스모토 토모코, 노리코 자매가 1993년 교토 철학의 길에 오픈한 고양이 잡화점이다. 처음에는 평범한 잡화점으로 시작했지만, 1996년 초대 간판 고양이 '마루'가 천장에서 떨어진 이래로 고양이를 모티브로 한 잡화를 만들어 판매하게 됐다. 2013년에 이토시마로 이전해 왔으며, 현재는 7마리의 고양이와 함께 아름다운 자연에 둘러싸여 공방을 운영 중이다. 고양이를 좋아하는 여행자라면 꼭 들러보길 추천한다. 고양이 탈을 쓰고 인증 샷은 필수!

⑥ 주방용품, 인테리어 용품, 조명, 문구류 등을 취급하는 잡화점. 오너 나카하라 아야코는 사회인이 된 이래로 줄곧 '나만의 잡화점'을 꿈꾸며 잡화점에서 스태프로 일을 해왔다. 그리고 2017년 드디어 소라, '하늘'이라는 이름의 잡화점을 꾸렸다. 깊은 밤하늘을 닮은 인디고 색 문을 열고 들어가면 아담하고 사랑스러운 공간에 그녀의 취향을 담은, 예쁘면서도 실용성 있는 제품들로 가득하다.

⑦ 댄디한 차림의 오너와 귀여운 간판 고양이 하나짱이 함께 운영하는 앤티크 잡화점이다. 테이블 가득 쌓여 있는 배지와 키홀더들을 발견하면 어느새 보물찾기를 하듯 마음에 드는 제품을 고르고 있는 자신을 발견하게 된다. 그 외에도 오너가 수집한 다양한 앤티크 소품들이 가게 곳곳에 숨어 있어 시간을 가지고 느긋하게 있고 싶어진다. 현지의 맛을 고스란히 담은 스리랑카 카레 등 식사류와 스위츠, 커피도 판매하고 있으니 천천히 즐기다 가자.

のび工房
노비 공방

Ⓐ 糸島市加布里718-6
Ⓖ 33.61767, 130.17242
Ⓣ 092-335-1168 Ⓗ 10:00-17:00 월-목 휴무
Ⓤ nobi-kobo.com Ⓜ Map → ④-F-3

Zakka so-la
잡화 소라

Ⓐ 糸島市有田中央2-15-48 Ⓖ 33.54821, 130.21441 Ⓣ 092-332-9831
Ⓗ 10:00-18:00 화 휴무 Ⓤ sola0612.thebase.in Ⓜ Map → ③-A-1

shabby café hana*bi
쉐비 카페 하나비

Ⓐ 糸島市千早新田208-3 Ⓖ 33.55125, 130.16434
Ⓣ 092-335-3408 Ⓗ 11:00-일몰 부정기 휴무 Ⓜ Map → ④-F-4

ローカルショッピング

made in Itoshima

Local shopping

로컬 쇼핑

여유로운 이토시마 생활 엿보기

이토시마의 슈퍼마켓은 남다르다. 이제는 하나의 브랜드로 여겨질 만큼 '믿고 먹는' 이토시마산 먹거리들이 입구부터 가득하고, 넓고 쾌적한 실내에서 느긋하게 물건을 고르는 로컬들에게서 여유로운 이토시마의 삶이 보인다. 이토시마에 왔다면 꼭 가보자, 슈퍼마켓으로!

명란 마요네즈
めんたいマヨネーズ ¥429

이토시마 미역
いとしまわかめ ¥429

킨잔지 낫토
金山寺納豆 ¥648

1.

サニー　前原店
써니 마에바루점

식품을 중심으로 하는 슈퍼마켓으로 질 좋은 이토시마산 제품들과 다양한 품목이 구비되어 있다. 24시간 영업인 데다 매장이 넓고 이용객이 적어 편안히 쇼핑을 즐길 수 있는 것도 장점이다. 일부 품목은 돈키호테보다도 저렴한 가격으로 득템 가능하다.

Ⓐ 糸島市浦志1-7-7 Ⓖ 33.56166, 130.21298
Ⓣ 092-324-6632 Ⓗ 24시간
Ⓜ Map → ③-B-3

2.

イオン志摩ショッピングセンター
이온 시마 쇼핑 센터

이토시마에서 가장 규모가 큰 쇼핑센터이다. 대형 슈퍼마켓과 주류, 드럭 스토어, 잡화점, 서점 등이 한 곳에 모여 있어 쇼핑이 한결 수월하다. 지역 특산물인 아마오우 딸기, 명란젓 등이 인기. 구매한 도시락을 먹을 수 있는 휴식 공간이 마련되어 있다.

Ⓐ 糸島市志摩津和崎29-1
Ⓖ 33.57942, 130.18729 Ⓣ 092-330-5020
Ⓗ 09:00-22:00 Ⓜ Map → ②-E-4

이토시마 사이다
糸島サイダー ¥216

마루타이 라멘 야타이 돈코츠 맛
マルタイ棒ラーメン屋台とんこつ味 ¥289

파 기름
ねぎ油 ¥1350

미츠루 간장 이소노카 미역
ミツル醤油 磯の香のり ¥648

마루타이 라멘
マルタイラーメン ¥289

3.

マックスバリュ 前原店
맥스밸류 마에바루점

24시간 저렴하게 식자재를 구입할 수 있는 대형 슈퍼마켓. 매장이 넓고 종류가 많아 언제든지 편리하게 이용할 수 있다. 신선한 이토시마 지역 농산물을 판매하며 드럭 스토어 및 잡화점, 화장품 가게 등도 있다. 늦은 시간에 방문하면 스시, 도시락 등을 저렴하게 구입할 수 있다.

Ⓐ 糸島市浦志1-5-2
Ⓖ 33.56066, 130.21074 Ⓣ 092-330-8811
Ⓗ 24시간 Ⓜ Map → ③-A-3

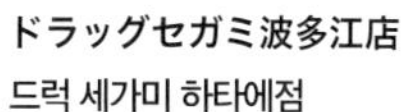

ドラッグセガミ波多江店
드럭 세가미 하타에점

Ⓐ 糸島市波多江駅南1-6-15
Ⓖ 33.5631, 130.22628
Ⓣ 092-331-8686
Ⓗ 09:00-24:00 Ⓜ Map → ③-B-4

マツモトキヨシ 前原店
마츠모토키요시 마에바루점

Ⓐ 糸島市浦志2-10-30
Ⓖ 33.56292, 130.21363
Ⓣ 092-322-5132 Ⓗ 09:00-23:00
Ⓜ Map → ③-B-3

コスモス 前原店
코스모스 마에바루점

Ⓐ 糸島市前原北4-15-30
Ⓖ 33.56478, 130.20151
Ⓣ 092-321-4166 Ⓗ 10:00-21:00
Ⓜ Map → ③-B-3

THEME 01
ART FESTIVAL

クラフトフェスティバル

Itoshima Art Festival

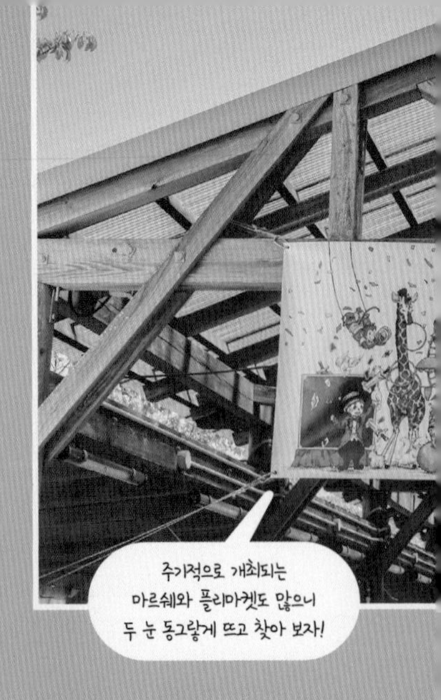

공방에 의한, 공방을 위한 축제

이토시마에서는 지역 아티스트와 만나고 작품도 구경할 수 있는 크고 작은 페스티벌이 연중 개최된다. 여기서는 이토시마 공방 문화에 한 획을 그은 대표 페스티벌 두 개를 소개한다.

이토시마 핸드메이드 카니발
糸島ハンドメイドカーニバル

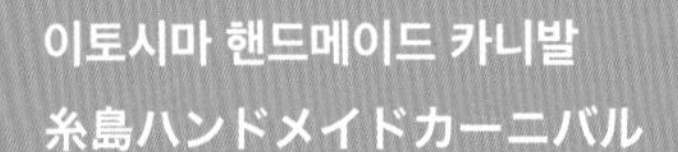

이토시마에서는 아티스트들의 활동 부흥을 위한 행사를 연간 수 차례 진행하고 있는데,그중에서도 핸드메이드 카니발은 이토시마 최대의 아트 페스티벌이다. 2013년, 이토시마 지역에서 수공예점들이 점점 사라지는 것을 보고 카와우치 라이타 등이 합심해 수공예품 이벤트를 연 것이 이토시마 핸드메이드 카니발의 기원. 매년 4월과 10월, 시마 중앙공원 志摩中央公園 프롬나드에서 일본 전역에서 이토시마를 찾은 약 120여 아티스트의 작품을 만나볼 수 있다. 또한, 핸드메이드 카니발 한정 아이템이 구매욕을 자극하고, 이토시마 식자재를 사용한 식품을 판매하는 코너도 있으며, 작가가 직접 진행하는 워크숍에도 참여할 수 있다.

Ⓐ 糸島市志摩初1
Ⓖ 33.58272, 130.18572
Ⓣ 080-4695-2922
Ⓗ 매년 4월 말 3일간, 10월 말 2일간 10:00-16:00
Ⓤ handmadecarnival.blog.fc2.com
Ⓜ Map → ②-E-4

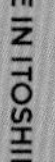

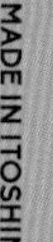
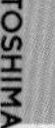

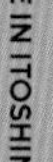

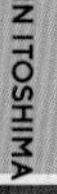

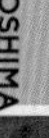
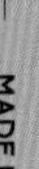

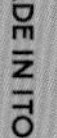

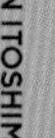
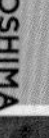

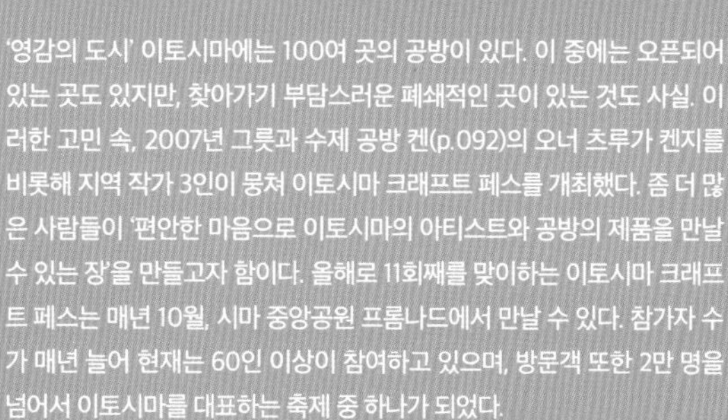

이토시마 크래프트 페스
糸島クラフトフェス

'영감의 도시' 이토시마에는 100여 곳의 공방이 있다. 이 중에는 오픈되어 있는 곳도 있지만, 찾아가기 부담스러운 폐쇄적인 곳이 있는 것도 사실. 이러한 고민 속, 2007년 그릇과 수제 공방 켄(p.092)의 오너 츠루가 켄지를 비롯해 지역 작가 3인이 뭉쳐 이토시마 크래프트 페스를 개최했다. 좀 더 많은 사람들이 '편안한 마음으로 이토시마의 아티스트와 공방의 제품을 만날 수 있는 장'을 만들고자 함이다. 올해로 11회째를 맞이하는 이토시마 크래프트 페스는 매년 10월, 시마 중앙공원 프롬나드에서 만날 수 있다. 참가자 수가 매년 늘어 현재는 60인 이상이 참여하고 있으며, 방문객 또한 2만 명을 넘어서 이토시마를 대표하는 축제 중 하나가 되었다.

Ⓐ 糸島市志摩初1
Ⓖ 33.58272, 130.18572
Ⓣ 매년 10월 3일간 10:00-17:00
Ⓗ www.itofes.com
Ⓜ Map → ②-E-4

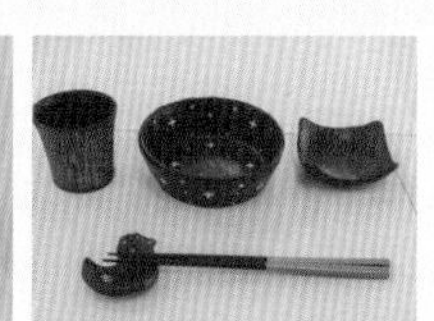

이토시마 응원 플라자 糸島応援プラザ

아트 페스티벌 기간이 아니어도 연중 작가들의 작품을 한데서 만나볼 수 있는 공간이 있다. 이름하여 '이토시마 응원 플라자'. 이토시마 아티스트 약 100인의 작품을 진열 및 판매하고 있으며, 아티스트들의 활동을 다방면에서 지원하고 응원하는 감사한 존재이다.

Ⓐ 糸島市志摩初30 Ⓖ 33.58324, 130.1834
Ⓣ 092-334-2066 Ⓗ 10:00-18:00 월 휴무
Ⓤ itopla.net Ⓜ Map → ②-E-4

THEME 02

One Day Class

ワンデイクラス

One Day Class

직접 만드는 메이드 인 이토시마

이토시마에는 100여 곳의 공방 중에는 원데이클래스를 진행하는 곳이 많다.
그중에서도 부담 없이, 한 번쯤 참여해 보면 좋을 곳들을 고르고 골랐다.
내가 직접 만든 메이드 인 이토시마 제품은 더없이 좋은 추억이 될 것이다.

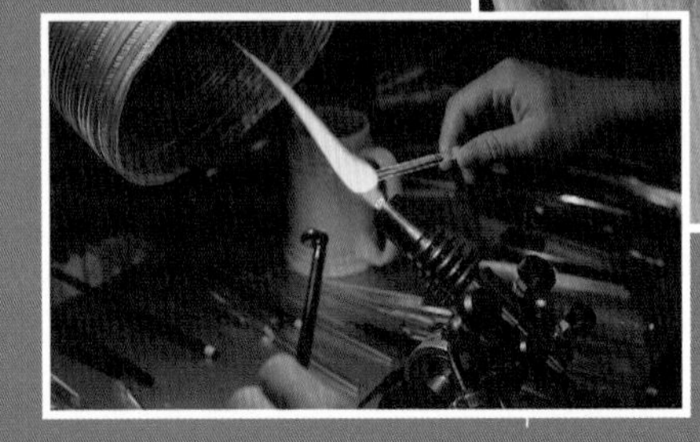

タビノキセキ
타비노키세키

아로마 액세서리로 사랑 받고 있는 주얼리 공방으로, 사전에 신청하면 나만의 오리지널 액세서리를 만드는 워크숍에 참여할 수 있다. 마음에 드는 천연석, 체인을 고르고 원하는 액세서리로 만들 수 있다. 재료비는 3240엔부터 시작하며, 천연석 개수를 늘리거나 체인 종류를 바꾸면 금액이 추가된다. 체험료를 500엔 별도로 받고 있지만, 홈페이지나 전화로 예약하면 감면해 준다. 체험 완료까지는 40분 정도 소요된다.

Ⓐ 糸島市志摩小金丸1870-11 Ⓖ 33.59052, 130.15032 Ⓣ 092-327-1115
Ⓗ 10:00-17:00 Ⓟ 반지, 귀걸이, 팔찌 만들기 각 ¥3240부터(체험료 ¥500 별도)
Ⓤ tabinokiseki.shop-pro.jp Ⓜ Map → ②-E-3

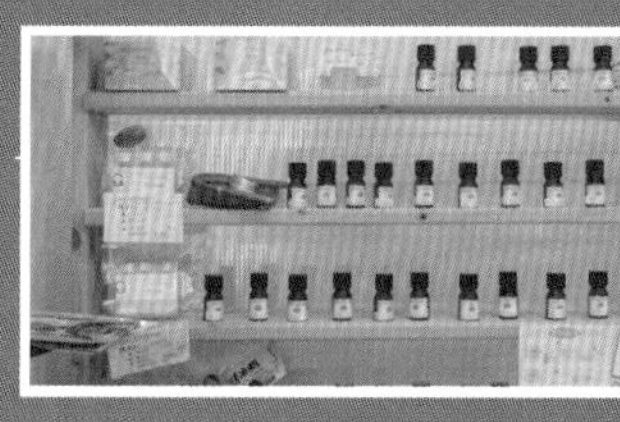

アロマの工房 香の宮
아로마 공방 카오리노미야

천연 아로마 오일을 사용한 만들기 체험을 즐겨보자. 가장 인기 있는 립크림 만들기 체험은 베이스 오일과 다양한 종류의 향을 선택해 나만의 립크림을 만들 수 있다. 1500엔이라는 저렴한 가격에 두 종류를 만들 수 있고, 1인부터 최대 25인까지 당일 신청해도 참가할 수 있다. 약 30분 소요. 공방의 한쪽에는 알록달록 향기로운 아로마와 대나무 섬유 타올 등이 진열되어 있다.

Ⓐ 糸島市志摩小金丸1763-1 Ⓖ 33.59052, 130.15032
Ⓣ 092-327-2964 Ⓗ 11:00-16:00 월·화 휴무
Ⓟ 립크림 만들기 ¥1500 Ⓤ kaorinomiya.com Ⓜ Map → ②-E-3

うつわ工房　ととうや
그릇 공방 토토우야

토토우야에서는 오너 토츠구 카즈에게 직접 도자기 만드는 방법을 배울 수 있는 원데이 클래스를 진행하고 있다. 컵, 그릇 등 원하는 모양으로 만들 수 있으며 가격도 1800엔에서 2000엔으로 저렴한 편. 보통 도자기 만들기 체험을 하면 받기까지 한두 달 걸리는 경우가 많은데, 토토우야에서는 완성된 작품을 바로 다음 날 구워줘 편리하다. 자그마한 공방이기 때문에 타임별로 최대 4명까지만 참여가 가능하며, 페이스북 메시지를 통해 사전 예약 후 방문해야 한다.

Ⓐ 糸島市志摩岐志1373-3 Ⓖ 33.57618, 130.12003
Ⓣ 092-332-8449 Ⓗ 11:00-17:00 화·수 휴무
Ⓟ 접시 만들기 ¥1800 찻잔 만들기 ¥2000
Ⓤ www.facebook.com/totouya2002 Ⓜ Map → ②-E-2

ka-la-ku
카라쿠

이토시마 반도, 서쪽 해안에 위한 핸드메이드 비누, 코스메 공방으로, '마이 코스메 컬리지 my cosme college'를 통해 자신에게 맞는 화장품을 만들어 쓸 수 있도록 돕고 있다. 아로마 오일을 활용해 화장수, 크림, 스킨케어 제품 등 다양한 제품 만들기를 체험할 수 있으며 30분에서 1시간가량 소요된다. 홈페이지를 통해 예약할 수 있다.

Ⓐ 糸島市志摩芥屋3728-6 Ⓖ 33.57634, 130.09475
Ⓣ 092-328-1345 Ⓗ 11:00-17:00 수·목 휴무 Ⓟ 화장수 만들기 ¥2484
Ⓤ www.aromacosme.net Ⓜ Map → ②-E-1

宿 泊

PLACES TO STAY

이토시마 숙소 예약하기

아무리 해외 여행에 익숙한 사람이라 한들 이토시마에서 숙박할 곳을 찾다가 멘붕에 빠질지도 모른다. 호텔 예약 사이트에 '이토시마'라고 검색해도 아무 것도 안 나올 때가 많으니 말이다. 이토시마 호텔 예약, 어떻게 하면 좋을까?

1 츠바사주쿠 인터내셔널 게스트하우스 Tsubasa International Guest House

일본인 오카 켄타로와 대만인 큐짱 부부가 운영하는 게스트하우스로, 가후리 항구 앞 오래된 고민가를 반년간 정성껏 꾸며 오픈했다. 모든 방은 다다미 구조로 되어 있으며, 남녀 도미토리를 비롯해 4인 가족이 머물기에 넉넉한 크기의 패밀리룸, 창으로 항구가 내려다보이는 더블룸 등이 있다. 화장실은 남녀 따로 나누어져 있어 안심하고 사용할 수 있으며, 주방은 게스트끼리 함께 요리를 만들며 즐길 수 있을 정도로 여유롭다. 유모차와 자전거를 무료로 대여해 주며 널찍한 게스트용 무료 주차 공간이 있어 여유롭게 주차할 수 있다. 아티스트에게는 숙박을 무료로 지원하기도 하니 신청해 보시길.

DATA

Ⓐ 糸島市加布里854-1 Ⓖ 33.5482, 130.16187 Ⓣ 080-4771-9022
Ⓟ 다인실 ¥3000 더블 ¥9000 Ⓤ facebook.com/tsubasa.itoshima
Ⓜ Map → ④-F-3

TIP
숙소 예약 팁

01

예약은 숙소 홈페이지에서

유명 호텔 예약 사이트에서 '이토시마'라고 검색하면 잘해야 한두 곳만 떠서 당황스러울 수도 있다. 이토시마는 호텔이 시내에 두 곳밖에 없는데, 이마저도 아직 외국인 관광객은 거의 찾지 않기에 글로벌 호텔 예약 사이트에는 등록되어 있지 않은 경우가 많다. 따라서 책에 소개한 숙소 중 마음에 드는 곳이 있다면 해당 숙소의 홈페이지에 접속해 예약하는 것이 가장 확실한 방법이다.

02

숙소 위치 정하기

이토시마의 중심인 지쿠젠마에바루역 근처를 추천한다. 주변에 관광안내소를 비롯해 편의 시설이 많아 여행에 큰 도움이 된다. 또한, 밤늦게까지 영업하는 식당과 술집도 이곳을 중심으로 몰려 있다. 물론 불편을 감수하고 해안가 숙소에서 묵는 것도 색다른 추억이 될 것이다. 불빛 하나 찾기 힘든 칠흑 같은 어둠 속, 바다 위로 쏟아지는 별들의 궤적은 장관을 연출한다.

03

성수기에는 서둘러 예약하기

물론 일본의 여행 성수기를 말하는 것이다. 이토시마는 숙소의 개수가 한정적이어서 일본의 연휴나 이토시마 축제 기간이 되면 어느 곳이든 금세 만실이 된다. 나중에 해야지 하고 손 놓고 있다가는 숙소가 없어 울며 겨자 먹기로 후쿠오카 시내에 숙소를 잡아야 할지도 모른다.

2 마에바루주쿠 코토노하 前原宿ことのは

약 1년간 세계여행을 다녀온 노기, 카나 부부가 자신들의 경험을 다음 여행자에게 서포트 하고 싶은 마음으로 오픈한 게스트하우스이다. 이토시마 출신 노기의 이토시마 여행 정보 안내와 세계 여행 이야기를 들을 수 있다. 공동 주방에서 취사가 가능하며 지쿠젠마에바루역 바로 앞에 있어 접근성이 용이하다.

DATA

Ⓐ 糸島市前原中央2-1-21 前原駅前ビル 4F
Ⓖ 33.55747, 130.19845 Ⓣ 090-7291-0767
Ⓟ 1인 ¥4800 2인 ¥7800 Ⓤ itoshima-guesthouse.com
Ⓜ Map → ③-A-2

3 게스트하우스 이토요리 ゲストハウス いとより

이토시마의 토박이인 야마우치 나루미는 오래된 고민가를 목공예 장인의 도움으로 개조해 게스트하우스로 오픈했다. 겉은 허름해 보이지만, 실내는 나무 소재 인테리어로 아기자기하며 따뜻한 감성이 흐른다. 여성이 운영하는 게스트하우스이기 때문에 혼자 여행하는 여성도 안심하고 머물 수 있다. 지쿠젠후카에역에서 도보로 넉넉히 10분이면 도착한다. 바다가 가까워 산책하기에도 좋다.

DATA

Ⓐ 糸島市二丈深江639 Ⓖ 33.51907, 130.13661
Ⓣ 092-332-7697
Ⓟ 도미토리 ¥3500 개인실 2인 기준 ¥7500
Ⓤ itoyori.wixsite.com/itoshima Ⓜ Map → ④-E-3

4 우유 홈스테이 Woou Homestay

한일 국제 커플이 운영하는 홈스테이. 화장실과 주방, 거실을 함께 사용해야 하기 때문에 홈스테이에 익숙하지 않다면 조금 불편할지도 모르지만, 일본 가정생활을 가까이에서 경험할 수 있어 좋다. 게다가 한국어로 지역 정보를 얻을 수 있어 일본어를 못해도 안심! 방이 달랑 하나뿐이니 늦어도 한 달 전에 예약하자.

DATA

Ⓐ 주소는 다음 카페로 문의
Ⓟ 싱글 ¥4500 더블 ¥6500 에어컨 사용 시 ¥1000엔 별도
Ⓤ cafe.daum.net/mirukuhomestay

5 사우스 윈드 샬레 South Wind Chalet

지쿠젠마에바루역 남쪽 출구 주택가에 위치한 게스트하우스이다. 북쪽 출구의 북적이는 분위기와는 사뭇 다른 차분함을 느낄 수 있다. 싱글룸과 더블룸, 패밀리룸이 있어 개인 여행자부터 가족 여행자까지 모두 편하게 이용할 수 있으며, 공동 주방에서 구매해 온 식자재를 이용해 요리해 먹을 수도 있다. 화장실은 1층과 2층 두 곳에 있지만, 욕실은 하나뿐이다. 역에서 가까워 보이지만 언덕길을 올라야 해서 뚜벅이 여행자보다는 렌터카 여행자에게 추천한다.

DATA

Ⓐ 糸島市南風台2-7-10
Ⓖ 33.55189, 130.19615
Ⓣ 070-3123-0800
Ⓟ 싱글룸 ¥2800부터, 더블룸 ¥6000부터
Ⓤ southwindchalet.book.direct
Ⓜ Map → ③-A-2

6 bbb 하우스 bbb haus

베드, 브렉퍼스트, 비치를 즐길 수 있다고 하여 '쓰리 비'라는 이름을 붙였다는 이 숙소는 노기타와 케야 해안 중간에 위치해 있다. 기본적으로 성인 숙박객만을 받고 있으며 패밀리데이에 한해 어린이도 숙박이 가능하다. 전실 금연이며 숙박 시 디너와 조식이 제공되는데, 알러지가 있는 경우 사전에 알리면 그에 맞춰 조리해 준다. 디너 제공을 위해 체크인은 늦어도 오후 7시까지 마쳐야 한다.

DATA

Ⓐ 糸島市志摩野北2457-1 Ⓖ 33.60712, 130.16027
Ⓣ 050-1114-2596 4. 체크인 16:00-19:00 체크아웃 12:00
Ⓟ 1인 ¥20,000부터
Ⓤ www.bbbhaus.com Ⓜ Map → ②-F-3

7 호텔 뉴가이아 이토시마 ホテルニューガイア糸島

지쿠젠마에바루역에서 도보 3분 거리에 위치한 최고의 입지를 자랑하는 호텔이다. 내부는 딱 '일본의 오래된 비즈니스호텔'이지만 흡연 객실조차 담배 냄새가 거의 느껴지지 않을 정도로 깨끗하게 관리하고 있으며 환한 미소로 맞이해 주는 호텔 직원들의 응대에 절로 기분이 좋아진다. 리셉션 바로 옆에서 720엔이라는 저렴한 가격에 조식 서비스를 제공하고 있다.

DATA

Ⓐ 糸島市前原中央2-3-24 Ⓖ 33.55916, 130.19841
Ⓣ 092-324-4500 Ⓟ 싱글 ¥2700부터
Ⓤ www.hotelnewgaea.com/itoshima
Ⓜ Map → ③-A-3

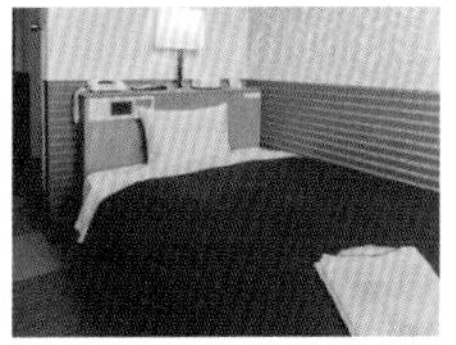

8 호텔 AZ HOTEL AZ

대형 체인 비즈니스호텔이다. 싱글룸과 트윈룸, 이층침대룸, 휠체어룸이 있으며, 숙박 시 무료로 조식이 제공된다. 깔끔하게 관리되는 편이지만, 흡연 객실은 특유의 냄새가 있는 편이니 비흡연자라면 피하는 것이 좋다. 주변에 편의시설이 많은 편은 아니지만 2019년 4월 호텔 바로 앞에 JR 전철 역이 생길 예정이라고 한다.

DATA

Ⓐ 糸島市浦志1-9-25
Ⓖ 33.56144, 130.21405
Ⓣ 092-330-8301
Ⓟ 싱글 ¥4800부터, 트윈 ¥8000부터
Ⓤ www.az-hotel.com/itoshima
Ⓜ Map → ③-B-3

KARATSU 01 HIMESHIMA 02

[ATTRACTIVE SUBURBS]

糸島の近郊旅行。

이토시마 근교 여행

이토시마에서 차로 30분, 아니면 배로 15분.
가벼운 마음으로 훌쩍 떠나 만나는 일본의 또 다른 매력적인 풍경들.

고즈넉한 멋스러움을 휘감은 도시,
가라쓰

가라쓰만에 접한 작은 해안 마을이지만 특유의 분위기로 찾은 이를 압도하는 매력적인 도시. 우리와의 밀접한 역사가 도시 전역에 기록되어 있는 도시, 가라쓰로 떠나는 여행.

虹の松原 니지노마츠바라

가라쓰만을 따라 드넓게 펼쳐진 소나무 숲이다. 니지노마츠바라가 조성된 것은 17세기 초로, 현재 일본 3대 소나무 숲으로 선정될 만큼 그 가치를 인정받고 있다. 폭 약 500m, 길이는 4.5km에 달하는 숲에는 약 100만 그루의 소나무가 심겨 있다. 차를 타고 초록빛으로 둘러싸인 소나무 숲을 통과하다 보면 왜 이름이 니지노마츠바라(무지개 소나무 숲)인지 궁금해지는데, 이것은 해 질 녘이면 명확해진다. 소나무 사이 사이로 쏟아지는 빛의 스펙트럼, 이 모습을 보고 무지개 소나무 숲이라는 이름을 지었겠구나, 하고 말이다.

Ⓐ 佐賀県唐津市浜玉町浜崎
Ⓖ 33.44666, 130.0285 Ⓜ Map → ⑤-C-1

からつバーガー 가라쓰버거

Ⓐ 佐賀県唐津市虹ノ松原 Ⓖ 33.44419, 129.99963
Ⓣ . 0955-56-7119 Ⓗ 10:00-20:00 Ⓜ Map → ⑤-B-1

니지노마츠바라를 달리다 보면 작은 공터 속 귀여운 밴 한 대가 서 있고 그 앞으로 줄 선 사람들의 행렬을 볼 수 있다. 이곳이 바로 50년 역사, 니지노마츠바라의 명물 가라쓰버거이다. 살짝 구운 빵에 부드러운 패티와 특제 소스가 어우러진 스페셜 버거가 이곳의 간판 메뉴. 사실 내용물은 다소 평범한 느낌이지만 겉은 바삭하면서도 속은 촉촉한 빵이 인상적이다. 워낙 큰 인기를 끌어서인지 이제는 니지노마츠바라뿐만 아니라 가라쓰 곳곳에서 쉽게 만날 수 있는 하나의 브랜드가 되었다. 한국어 메뉴판도 있어 주문하기 편하며 주문 후 차 안이나 벤치에서 기다리면 햄버거를 만든 후 가져다준다.

ひれふり展望台 히레후리 전망대

Ⓐ 佐賀県唐津市鏡字大平6052-1 Ⓖ 33.42866, 130.0231 Ⓣ 0955-72-9250 Ⓜ Map → ⑤-C-2

구불구불한 도로를 따라 한참 오르다 보면 카가미야마의 주차장이 나온다. 이곳에 차를 세우고 약 5분 정도 전망대 표식을 따라 걸으면 니지노마쓰바라가 한눈에 내려다보이는 히레후리 전망대가 나온다. 가라쓰만과 니지노마츠바라, 사진 한 장에는 담을 수 없을 정도로 폭넓은 가라쓰의 파노라마 전경을 보고 있으면 감탄사가 절로 나온다. 나무를 보지 말고 숲을 보라고 했던가. 니지노마츠바라 안에 있을 때는 상상할 수 없었던 어마어마한 자태를 보러 꼭 올라가 보길 바란다.

豆腐料理かわしま
두부요리 가와시마

가라쓰성 근처에 있는 두부 전문점이다. 애피타이저부터 메인 요리, 디저트까지 모두 두부로 구성된 코스 요리가 제공된다. 다양한 방식으로 조리된 두부들은 모두 다른 개성과 매력을 가지고 있어 질리지 않고 맛볼 수 있다. 두부로만 구성된 코스는 1500엔, 생선구이가 추가된 코스는 2000엔, 생선구이와 회가 추가된 코스는 2500엔에 맛볼 수 있다. 완전 예약제로 운영되는 곳으로, 인터넷을 통해 간단히 예약할 수 있으며, 시간당 10명 이내로만 예약을 받기 때문에 요리에 관한 자세한 설명을 함께 들을 수 있어 좋다.

Ⓐ 佐賀県唐津市京町1775 Ⓖ 33.44696, 129.9693
Ⓣ 0955-72-2423 Ⓗ 08:00, 10:00, 12:00, 14:00
Ⓟ 두부와 생선구이 정식 ¥2000
Ⓤ www.zarudoufu.co.jp Ⓜ Map → ⑤-A-1

唐津城 가라쓰성

도요토미 히데요시의 가신 데라자와 히로타카에 의해 1608년 완공된 성이다. 미츠시마산 위에 우뚝 솟아 있는 본성 주위로 마츠우라강이 유유히 흐르며 완성하는 천연 해자를 완성한다. 이곳의 자재 일부는 나고야성 터에서 가지고 온 것으로 알려진다. 다른 일본의 성들과 비교해 크기가 큰 편도 아니고 건축 양식이 특별한 것도 아니지만, 바다 위에서 학이 춤추는 형상을 닮아 무학성 **舞鶴城**으로도 불리는 도도한 자태와 성안에서 내려다보는 아름다운 바다의 전망으로 사랑받고 있다.

Ⓐ 佐賀県唐津市東城内8-8-1 Ⓖ 33.45354, 129.97819
Ⓣ 0955-72-5697
Ⓗ 09:00-17:00(하절기 18:00까지) 연말 휴무
Ⓜ Map → ⑤-A-1

唐津神社 가라쓰 신사

가라쓰 시내 한가운데 위치해 있는 작은 신사로 도로와 연결된 하얀색 도리이가 특징적이다. 나라 시대(710-794년)에 지어진 신사이지만 보존 상태가 좋은 편이다. 가라쓰의 가장 큰 축제 중 하나인 '가라쓰 쿤치 唐津くんち'는 주관하는 것으로 유명한데, 매년 11월 2-4일, 가라쓰 내 14개 마을을 상징하는 14대의 히키야마 曳山(용, 사자 등을 본떠 만든 대형 가마) 퍼레이드가 장관을 이룬다.

Ⓐ 佐賀県唐津市南城内3-13
Ⓖ 33.45223, 129.96957
Ⓣ 0955-72-2264 Ⓜ Map → ⑤-A-1

名護屋城博物館 나고야성 박물관

나고야성은 도요토미 히데요시가 조선 침략을 위해 축성한 성이다. 나고야성 박물관은 이러한 '침략'의 역사를 잊지 않고 기록하고 있다. 또한, 침략 이전의 한일 교류 역사와 침략 이후의 교류 역사도 상세히 소개한다. 잘못한 과거는 확실하게 사죄하고 더 나은 미래와 교류를 위해 노력하는 모습에서 가슴 찡한 감동이 느껴진다. 박물관 내 대부분의 전시물은 한국어 소개도 병기되어 있어 관람이 수월하다. 박물관 바로 옆에 있는 나고야 성터도 함께 둘러보면 좋다.

Ⓐ 佐賀県唐津市鎮西町名護屋1931-3
Ⓖ 33.52774, 129.87017 Ⓣ 0955-82-4905
Ⓗ 09:00-17:00 월, 연말 휴무
Ⓟ 입장 무료 Ⓤ saga-museum.jp/nagoya
Ⓜ Map → ⑥-C-4

시간이 있다면 여기도

茶苑海月 차엔 카이게츠

나고야성 박물관에서 5분 정도 표지판을 따라가면 나오는 멋진 카페. 규슈 올레길을 걷는 사람들과 박물관을 찾는 사람들의 소중한 쉼터이다. 500엔을 내고 입장하면 말차와 화과자를 먹으며 쉬어갈 수 있다.

Ⓐ 佐賀県唐津市鎮西町名護屋3458
Ⓖ 33.52897, 129.86747 Ⓣ 0955-82-4384
Ⓗ 09:00-17:00 두 번째, 네 번째 수요일, 연말연시 휴무
Ⓟ 말차+화과자 ¥500 Ⓤ www.chaen-kaigetsu.jp
Ⓜ Map → ⑥-B-4

波戸岬 サザエのつぼ焼き売店 하도미사키 소라구이 가게

하도미사키 바로 옆에 있는 소라구이 가게. 매체에 자주 소개되는 맛집이다 보니 항상 붐비는 것이 흠이기는 하지만 저렴하고 맛도 좋아 그냥 지나치기에는 아쉬운 곳이다. 소라뿐만 아니라 오징어, 전복구이도 맛볼 수 있으며 재료를 고르고 양념간장이나 소금 중 원하는 것을 선택하면 즉석에서 구워준다. 맥주가 술술 넘어가는 맛! 운전자를 위한 무알코올 맥주도 판매한다.

Ⓐ 佐賀県唐津市鎮西町波戸1616-1 Ⓖ 33.55302, 129.85218
Ⓣ 0955-82-4774 Ⓗ 09:00-17:00
Ⓟ 소라구이 한 그릇(3-4개) ¥500 오징어 ¥500-600 맥주 ¥250
Ⓜ Map → ⑥-B-3

숨은 고양이 찾기,
히메시마

사람과 고양이가 서로의 공간, 시간을 존중하며 공존하고 있는 작은 어촌 마을이 있다. 이토시마 서부 해안에 위치한 키시항에서 배로 16분. 시간이 유독 느리고 여유롭게 흘러가는 이곳에서 보내는 귀여운 한 때.

교 통

히메시마로 가는 법

키시항 주차장에 있는 히메시마 여객선 운항 시각표 바로 앞으로 배가 들어온다. 티켓은 편도 470엔이며 배 안에서 구입할 수 있고, 왕복으로 사두면 편하다. 소요 시간은 약 16분. 만일 배 시간보다 일찍 도착했다면 선착장 옆에 히메시마 직판장에서 대기하면 되며, 이곳에 히메시마 관광 팸플릿도 놓여 있다.

히메시마 여객선 선착장

Ⓐ 糸島市志摩岐志1842
Ⓖ 33.57347, 130.12337 Ⓣ 090-9562-4082
Ⓤ www.city.itoshima.lg.jp/s006/010/020/020/090/tosen.html
Ⓜ Map → ②-E-2

키시항-히메시마 운항 시각표

편명	히메시마행	키시항행
1	07:50	07:00
2	11:50	09:50
3	16:00	14:20
4	3-10월 18:10 11-2월 17:50	17:10

TIP

1. 섬이 크지 않아 두 시간 정도면 충분히 둘러볼 수 있다. 7시 50분 배로 들어가 9시 50분에 나오거나 11시 50분에 들어가 오후 2시 20분에 나오는 스케줄을 추천한다. **2.** 섬 내부에 관광 인프라가 거의 조성되어 있지 않기 때문에, 돌아오는 배편이 결항될 확률이 조금이라도 있다면 가지 않는다. **3.** 다른 고양이 섬처럼 관광객이 많지 않아 고양이들의 야생성이 남아 있는 편이다. 손으로 간식을 주다가는 냥펀치를 맞을 수 있으니 주의! 간식보다는 주식 캔이 좋고, 주식 캔보다는 사료가 제일이다. **4.** 항구 바로 옆에 매점 겸 휴게소가 있다. 걷다 지치면 잠시 쉬어 가자.

이토시마 근처에도 고양이 섬이 있다니, '냥덕후'라면 지나칠 수 없는 소식이다. 고양이들에게 나눠 줄 사료를 사고 배에 올라타자. 키시항에서 16분이면 고양이들이 여기저기 숨어 있는 작은 섬 히메시마에 도착한다. 항구부터 시끌벅적한 고양이들의 환대를 기대한다면 (마치 아이노시마 相島처럼) 조금은 실망할지도 모른다. 한두 마리가 나와 소소하게 반겨 줄 뿐이니 말이다. 하지만 마을 구석구석을 돌아다니다 보면 여기저기서 머리를 내밀고 아는 체하는 고양이들과 만날 수 있다. 냥덕후 입장에서 히메시마의 매력 99%는(?) 고양이일지도 모르지만, 시선을 옮겨 마을의 정경도 눈에 꼭꼭 담자. '전통 어촌 마을'의 여유로운 풍경 또한 꽤 인상적이다. 마지막으로 카메라를 들고 고양이를 쫓아다니는 외지인을 살갑게 맞이해 주는 섬 주민들에게 눈인사는 필수 예절이니 잊지 말 것!

TRANSPORTATION

비행기로 이토시마 이동하기

"이토시마는 후쿠오카를 거쳐서 들어가야 하는 소도시이지만, 공항선이 이토시마의 중심 지쿠젠마에바루역까지 직통으로 이어져 있어 편하게 이동할 수 있다."

비행기

후쿠오카 국제공항 福岡國際空港

후쿠오카 시내에 위치한 공항으로 하루 수백여 편의 비행기가 드나든다. 연간 2000만 명 이상이 이용하며 하네다, 나리타, 간사이 다음으로 많은 사람이 이용하는 공항이기도 하다. 후쿠오카의 중심이라고 할 수 있는 하카타역과의 거리는 불과 3.4km로 접근성도 좋다.

Ⓐ 福岡市博多区大字下臼井778-1
Ⓣ 전화 국내선 092-621-6059 국제선 092-621-0303
Ⓤ www.fuk-ab.co.jp

"출발시각 기준, 아침 6시부터 저녁 7시까지 항공 스케줄이 촘촘하게 짜여 있어 원하는 시간대에 이동할 수 있다. 또한, 대부분의 저가항공사가 취항해 있어 저렴할 때는 10만 원 전후로 항공권을 구입할 수 있다."

이토시마로 가려면?

전철

국제선에서 무료 셔틀버스를 타고 국내선으로 이동한다. 후쿠오카 공항역으로 이동해 공항선을 타면 약 45분 만에 이토시마의 중심인 지쿠젠마에바루역 筑前前原駅으로 이동할 수 있다.

SUB WAY / 성인 ¥610 / 소아 ¥310 (~12세)

차량

공항통 空港通 IC에서 후쿠오카 도시고속 · 니시큐슈 자동차도로 福岡都市高速·西九州自動車道를 타고 40분 정도 달려 마에바루 前原 IC에서 빠진다.

01

02

03

04

01. 공항 셔틀버스 02. 후쿠오카 공항역 가는 길 03. 티켓 구매하는 곳 04. 지쿠젠마에바루역

ITOSHIMA

TRANSPORTATION

배로 이토시마 이동하기

"하카타항에 도착한다는 아나운스가 들리고, 끝없이 이어질 것만 같았던 수평선 너머로 하카타항이 눈에 들어오는 순간 비행기를 탔을 때와는 또 다른 여행의 설렘이 시작된다."

여객선

하카타항 국제터미널 博多港国際ターミナル

부산항을 출발한 배가 정착하는 항구로, 일본에서 가장 많은 승객이 이용하는 국제 여객항이기도 하다. 터미널 내에 인포메이션, 환전소, 식당가, 면세점 등 편의시설이 잘 구비되어 있으며, 하카타역과의 거리도 4km 정도로 가까워 이동이 편하다.

Ⓐ 福岡市博多区沖浜町14-1 Ⓣ 092-282-4871
Ⓤ www.hakataport.com Ⓜ map -> ④-C-5

"부산항 국제여객터미널에서 출발한 배는 약 3시간 30분이면 하카타항 국제터미널에 도착한다. 또한, 출입국수속이 비행기보다 간단하고 짐을 모두 들고 타기 때문에 짐 찾는 시간을 줄일 수 있어 편리하다. 요금은 왕복 5-28만 원 선."

이토시마로 가려면?

버스 + 전철

하카타항 국제터미널 앞에서 하카타, 텐진역 등 공항선이 지나가는 역까지 버스를 타고 이동하면 되는데, BRT를 타고 텐진역으로 가는 것이 가장 빠르고 저렴한 방법이다. 역에 도착하면 공항선을 타고 약 35분 후 지쿠젠마에바루역에서 하차하면 된다.

BUS 성인 ¥190 / 소아(~12세) ¥100

SUBWAY 성인 ¥580 / 소아(~12세) ¥240

차량

마린거리 マリン通り에서 후쿠오카 도시고속 환상선 福岡都市高速環状線으로 진입 후쿠시게 福重 JCT에서 후쿠오카 마에바루도로 福岡前原道路로 진입한다. 마에바루 前原 IC가 나오면 유료도로를 빠져 나온다. 약 40분 소요

EXPRESSWAY ¥980

01

02

03

01. 비틀 타러 가는 길 02. 비틀 여객선 03. BRT 버스

TRANSPORTATION

렌터카로 여행하기

“이토시마 대중교통을 이용해 여행하기란 쉽지 않다.
구석구석 숨어 있는 보물 같은 스폿들을 찾아다니기 위해서는 렌터카가 최선의 방법이다.”

렌터카

렌터카 예약하기

온라인으로 미리 예약하고 현지에서 픽업하면 된다. 예약 전 픽업을 후쿠오카 시내에서 할지, 이토시마에서 할지 고민해 보는 것이 좋다. 일본에서의 운전이 익숙하다면 상관없지만, 미숙한 상태에서 고속도로를 타고, 통행료를 내는 것이 쉬운 일은 아니기 때문이다. 대신 이토시마 내 픽업의 경우 업체는 토요타로 한정된다.

렌터카 가격 비교 사이트

타비라이 kr.tabirai.net/car

예약 전 체크 사항

- 금연 차량 or 흡연 차량
- 한국어 내비 지원 여부
- 면책 보험&NOC 보험 가입
- ETC 카드 사용 가능 여부
- 카드 결제 가능 여부
- 차량 픽업 & 드롭 장소

렌터카 운전 전 체크 사항

- 국제 운전면허증
- 운전면허증 원본
- 비상시 연락할 업체 전화번호
- 초보운전 스티커 부착 여부
- 내비게이션 언어 설정

후쿠오카 공항 픽업 시

렌터카 업체 대부분이 후쿠오카 공항 국내선 쪽에 있다. 픽업하는 위치를 사전에 확실하게 숙지하고 찾아가자.

하카타항 국제터미널 픽업 시

하카타항 근처에는 렌터카 매장이 없으므로 반드시 픽업 서비스를 신청해야 한다. 무사히 신청됐다면 렌터카 직원이 도착 시간에 맞춰 도착장에서 기다리고 있으니 함께 차를 타고 렌터카 매장으로 이동한다.

이토시마 픽업 시

토요타의 경우 이토시마의 규다이각켄토시역 九大学研都市駅과 지쿠젠마에바루역 筑前前原駅 근처에 매장이 있다. 이용이 더 편리한 곳으로 선택해 예약하고 당일 해당 매장으로 찾으러 간다(홈페이지와 모바일 앱으로 예약 가능).

이토시마 렌터카 이용 & 운전 팁

① 내비게이션 검색은 스폿의 전화번호로 한다. 이토시마의 경우 새로 생긴 가게가 많아 내비게이션에 등록되어 있지 않은 경우가 왕왕 있다. 이때 핸드폰의 구글맵을 이용하면 편한데, 차에 핸드폰 거치대가 없으니 챙겨 가면 좋다.

② 이토시마는 국도만으로 이동이 가능한데, 가끔 내비게이션이 고속도로로 안내하는 경우가 있다. 루트 검색 시 일반도로 우선 一般道優先 버튼을 체크하는 습관을 가지도록 한다.

③ 이토시마의 가게 대부분은 주차장이 있다. 다른 가게의 주차장을 사용하거나 갓길 주차는 절대 하지 않도록 한다. 주차장 위치가 헷갈린다면 가게 사람에게 물어봐서 무조건 정해진 곳에 주차한다. 가끔 유료 주차장에 세우도록 안내하고 주차비를 대신 내주는 곳도 있다.

④ 대부분 주차장이 야외에 있다. 따라서 여름철에는 햇빛 가리개가 필수다. 일본은 법적으로 앞 좌석 선팅이 불가능해 잠깐만 에어컨을 꺼도 차량 내부 온도가 급격하게 치솟을 정도.

⑤ 이토시마 내의 도로들은 대부분 왕복 2차선이며 우회전 신호기가 거의 없다. 파란불이 켜지면 반대편 차선의 직진 차량을 확인하고 차가 오지 않을 때 우회전하면 된다. 또한, 오른쪽 샛길로 들어가고 싶을 때 반대편에서 차가 오고 있지 않다면 중앙선을 넘어 우회전해도 된다.

⑥ 일본에서는 파란불일 때만 좌회전이 가능하다. 파란불이 켜지면 일단 횡단보도에 사람이 있는지 확인하고 좌회전한다.

ITOSHIMA

TRANSPORTATION

대중교통으로 여행하기

"대중교통으로 이토시마를 여행하기란 여간 어려운 일이 아니다. 하지만 우리의 발이 되어 줄 버스와 자전거, 투어 프로그램을 알차게 활용한다면 불가능이란 없다!"

쇼와 버스 昭和バス

Ⓤ www.city.itoshima.lg.jp/li/map/010/070.html

뚜벅이 여행자들의 발이 되어 주는 메인 교통수단이다. 시라이토 폭포로 갈 수 있는 시라이토선白糸線, 케야 해안 방향으로 가는 케야선 芥屋線, 노기타 해변과 후타미가우라로 갈 수 있는 노기타선 野北線 등이 있으며, 7월부터 9월까지 3개월간 팜 비치 더 가든으로 향하는 후타미가우라선 二見ヶ浦線도 주말 한정으로 운행한다. JR 지쿠젠마에바루역 북쪽 출구와 남쪽 출구에 정류장이 있으며, 노선별 운행 간격은 1시간 반 전후이므로 스케줄을 잘 확인해야 한다. 운행 시각표는 지쿠젠마에바루역 바로 옆에 있는 이토시마시 관광협회에서 확인할 수 있다.

버스 투어

타비 카페(p.068)에서 운영하는 이토시마 버스 투어가 있다. 현지 가이드가 동행하여 지역 특유의 맛집과 관광 스폿을 안내해 줘 이토시마 구석구석을 만끽할 수 있다. 투어는 최소 6인 이상일 시 진행되며 요금은 점심 식대 포함 1인당 1만 엔이다.

Ⓣ 092-332-7530
Ⓤ www.officepal-travel.com
Ⓔ info@chibi-tabi.com

챠량 투어

우유 붕붕카 일일 드라이브

이토시마에서 '우유 홈스테이'를 운영하고 있는 우유와 함께 하루 동안 이토시마를 둘러볼 수 있는 투어 프로그램. 여행 전 가고 싶은 스폿을 충분히 상의하고 그의 차에 타 편안하게 여행할 수 있어 좋다. 또한, 우유는 한국인이기 때문에 일본어를 몰라도 이토시마에 대한 정보를 가득 얻어갈 수 있다 편하다.

Ⓤ cafe.daum.net/mirukuhomestay

이토곤 택시

두 시간 동안 택시를 타고 이토시마를 둘러볼 수 있는 프로그램이다. 기본 요금은 6000엔이며 스폿을 추가하면 추가 요금이 발생한다. 비싼 요금이 단점이지만 짧은 일정이고, 인원이 많다면 고려해 볼 만하다. 문의는 이토시마시 관광협회로.

Ⓟ 2시간 ¥6000
Ⓤ www.fukuokashowataxi.com/itoshima-kanko.html

자전거 투어

이토시마시 관광협회에서 여행 정보 문의 및 전동 자전거 대여가 가능하다. 자전거 대여 시 여권 원본과 연락 가능한 한국 로밍 전화번호가 필요하다. JR 지쿠젠마에바루역 북쪽 출구 바로 옆에 있다.

2H	¥400
4H	¥800
8H	¥1200

이토시마시 관광협회 糸島市観光協会

이토시마 관광의 중심 지쿠젠마에바루역 바로 옆에 위치해 있다. 한국어로 된 가이드 팸플릿을 받을 수 있으며, 자전거 대여, 택시 투어 예약 등의 서비스도 제공하고 있다. 단, 영어가 수월하게 통하는 편은 아니니 급하게 도움을 청할 일이 있다면 번역기 어플의 힘을 빌리자.

Ⓐ 糸島市前原中央1-1-18 Ⓖ 33.5575, 130.19946
Ⓣ 092-322-2098 Ⓗ 09:00-17:00
Ⓤ www.itoshima-kanko.net

Tourist Spot
Direct Outlet & Super Market
Shop
Workshop
Restaurant
Cafe
Bakery
Dessert
Bar
Activity
Hotel or Guest House

I T O S H I M A

MAP

이토시마

근 교

Map design = Sukea Lee

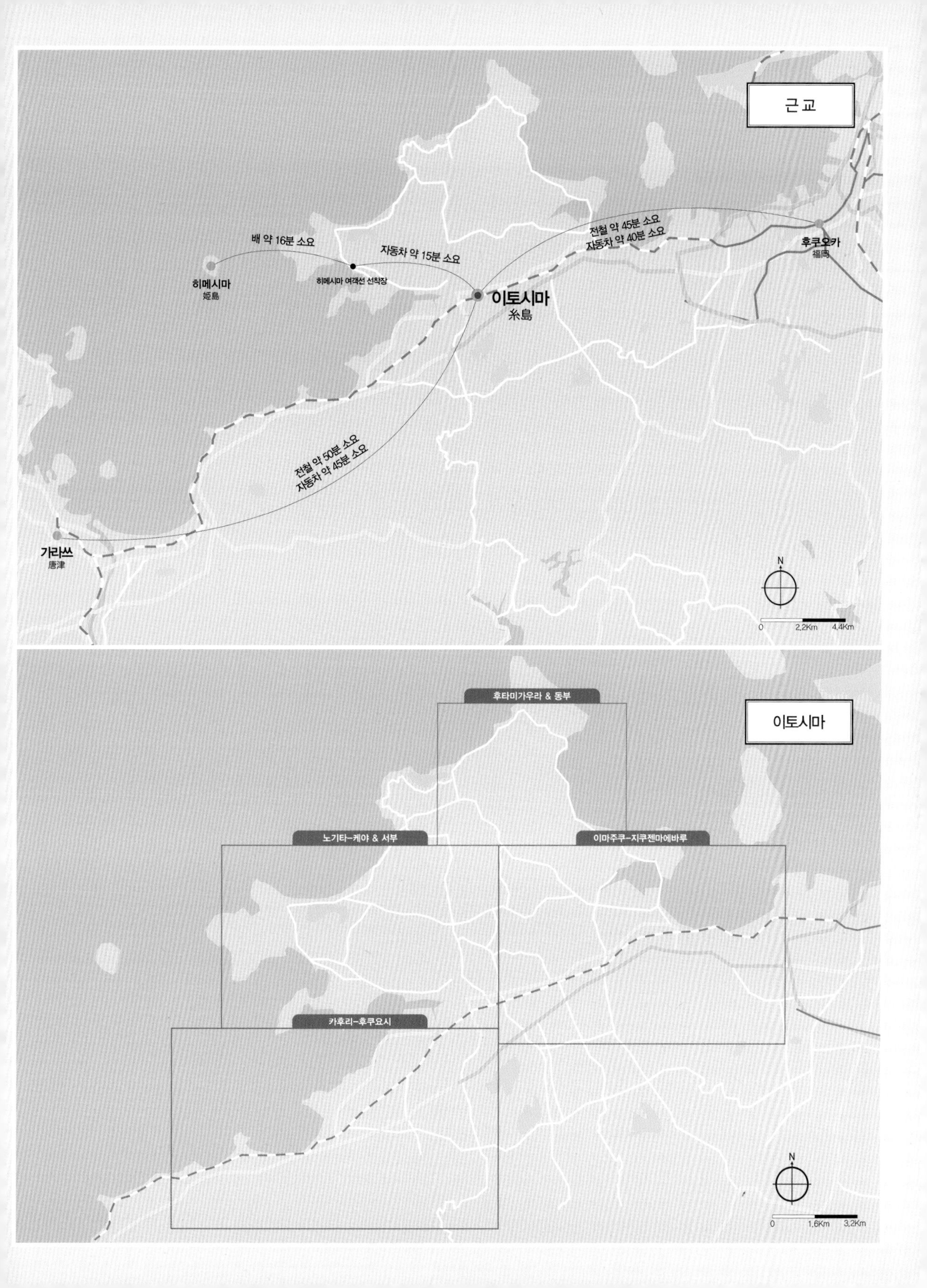

근교
배 약 16분 소요
자동차 약 15분 소요
전철 약 45분 소요
자동차 약 40분 소요
히메시마
姬島
히메시마 여객선 선착장
이토시마
糸島
후쿠오카
福岡
전철 약 50분 소요
자동차 약 45분 소요
가라쓰
唐津
N
0
2.2Km
4.4Km
이토시마
후타미가우라 & 동부
노기타-케야 & 서부
이마주쿠-지쿠젠마에바루
카후리-후쿠요시
N
0
1.6Km
3.2Km

1
후타미가우라 & 동부
二見ヶ浦 & 東部
겐카이나다 玄界灘
팜 비치 더 가든
PALM BEACH THE GARDENS
수제 완구 오렌지무라
手づくり玩具の おれんじ村
비치 스토어
Beach Store
선셋 카페
Sunset Cafe
부부 바위
夫婦岩
호나 카페
Hona cafe
나프 카페
NAP CAFE
리노 카페
LINO CAFE
비스트로&카페 타임
Bistro&Cafe TIME
TF 서프보드 오스트레일리아
TF Surfboards Australia
카츠교차야 자우오혼텐
活魚茶屋 ざうお本店
사쿠라이 신사
櫻井神社
스푼풀 더 베이글
Spoonful the bagel
이토시마 팜 하우스
糸島ファームハウス
츠만데고란 케이크 공방
つまんでご卵ケーキ工房
니기야카나하루
にぎやかな春
가마모토 로쿠로
窯元ろくろ
블루 루프
Blue Roof
뮤지카
MUSICA
도버
DOVER
러스틱 반
RUSTIC BARN
노타리
のたり
선플라워
sunflower
앤 원
an one
우오쇼
魚庄
푸카푸카 키친
PUKA PUKA KITCHEN
유즈리하
ゆずり葉
피노 그리
Pinot Gris
N
0
600m
1200m
A
B
C
1
2
3
4

2
노기타-케야 & 서부
野北-芥屋 & 西部
겐카이나다 玄界灘
런던 버스 카페 London Bus Cafe
노기타 해안 野北海岸
커렌트 CURRENT
오하나 おはな
미션 서프 mission surf
히노데 HINODE
비치 54 BEACH 54
나티 드레드 NATTY DREAD
H1 서프 H1 surf
케야노오토 芥屋の大門
겐카이 국정공원 玄海国定公園
코코페리 ココペリ
이토시마 피크닉 빌리지 ITOSHIMA PICNIC VILLAGE
bbb 하우스 bbb haus
도자기 공방 론 陶工房 Ron
가구공방 CLAP 家具工房 CLAP
유람선 선착장
케야 해안 芥屋海岸
아로마 공방 카오리노미야 アロマの工房 香の宮
타비노키세키 タビノキセキ
로이터 마켓 Loiter Market
더블 더블 퍼니처 DOUBLE=DOUBLE FURNITURE
코라이가마 高麗窯
케야 해수욕장 芥屋海水浴場
이치고야 카페 탄날 いちごや cafe TANNAL
이토시마 응원 플라자 いとしま応援プラザ
페타니 커피 Petani Coffee
시마 중앙공원 志摩中央公園
그릇과 수제 공방 켄 うつわと手仕事の店 研
타테이시야마 立石山
이온 시마 쇼핑 센터 イオン志摩ショッピングセンター
와일드 마트 WILD MART
JF이토시마 시마노시키 JF糸島 志摩の四季
공방 돗탄 工房とったん
카라쿠 ka-la-ku
그릇 공방 토토우야 うつわ工房 ととうや
와일드 마트 WILD MART
히메시마 여객선 승착장
카야산 可也山
이탈리안 식당 트라토리아 지로 イタリアン食堂 Trattoria Giro
이토시마 내추럴치즈 제조소 TAK 糸島ナチュラルチーズ製造所TAK
시마노 탄탄멘 하우스 志摩のタンタン麺ハウス
타비 카페 TABI+cafe
아사토키토 麻と木と
키타이 간장 北伊醤油
N
쉐비 카페 하나비 shabby café hanabi
0
600m
1200m

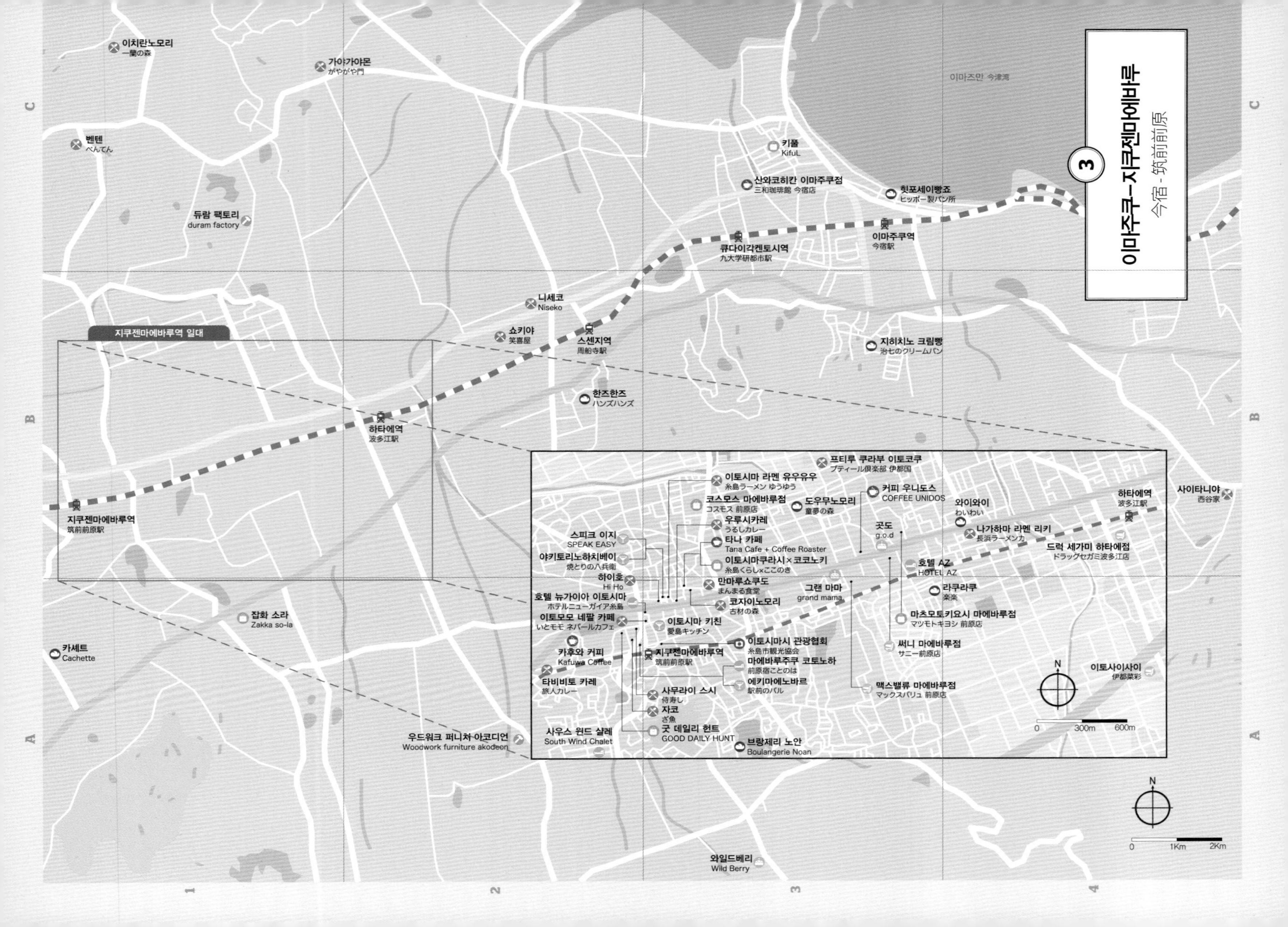

3
이마주쿠–지쿠젠마에바루
今宿 - 筑前前原
이마즈만 今津湾
이치란노모리 一蘭の森
가야가야몬 がやがや門
벤텐 べんてん
듀람 팩토리 duram factory
키풀 KifuL
산와코히칸 이마주쿠점 三和珈琲館 今宿店
힛포세이빵죠 ヒッポー製パン所
이마주쿠역 今宿駅
큐다이각켄토시역 九大学研都市駅
니세코 Niseko
쇼키야 笑喜屋
스센지역 周船寺駅
지히치노 크림빵 治七のクリームパン
한즈한즈 ハンズハンズ
지쿠젠마에바루역 일대
하타에역 波多江駅
지쿠젠마에바루역 筑前前原駅
잡화 소라 Zakka so-la
카셰트 Cachette
우드워크 퍼니처 아코디언 Woodwork furniture akodeon
와일드베리 Wild Berry
사이타니야 西谷家
프티루 쿠라부 이토코쿠 ブティール倶楽部 伊都国
이토시마 라멘 유우유우 糸島ラーメン ゆうゆう
커피 우니도스 COFFEE UNIDOS
코스모스 마에바루점 コスモス 前原店
도우무노모리 童夢の森
와이와이 わいわい
우루시카레 うるしカレー
곳도 g.o.d
하타에역 波多江駅
스피크 이지 SPEAK EASY
타나 카페 Tana Cafe + Coffee Roaster
나가하마 라멘 리키 長浜ラーメン力
야키토리노하치베이 焼とりの八兵衛
이토시마쿠라시×코코노키 糸島くらし×ここのき
드럭 세가미 하타에점 ドラッグセガミ波多江店
하이호 Hi Ho
만마루쇼쿠도 まんまる食堂
호텔 AZ HOTEL AZ
호텔 뉴가이아 이토시마 ホテルニューガイア糸島
코자이노모리 古材の森
그랜 마마 grand mama
라쿠라쿠 楽楽
이토모모 네팔 카페 いともも ネパールカフェ
이토시마 키친 愛島キッチン
마츠모토키요시 마에바루점 マツモトキヨシ 前原店
이토시마시 관광협회 糸島市観光協会
카후와 커피 Kafuwa Coffee
지쿠젠마에바루역 筑前前原駅
써니 마에바루점 サニー前原店
마에바루주쿠 코토노하 前原宿ことのは
이토사이사이 伊都菜彩
타비비토 카레 旅人カレー
에키마에노바루 駅前のバル
맥스밸류 마에바루점 マックスバリュ 前原店
사무라이 스시 侍寿し
자코 ざ魚
사우스 윈드 샬레 South Wind Chalet
굿 데일리 헌트 GOOD DAILY HUNT
브랑제리 노안 Boulangerie Noan
N
0 300m 600m
N
0 1Km 2Km
A B C
1 2 3 4

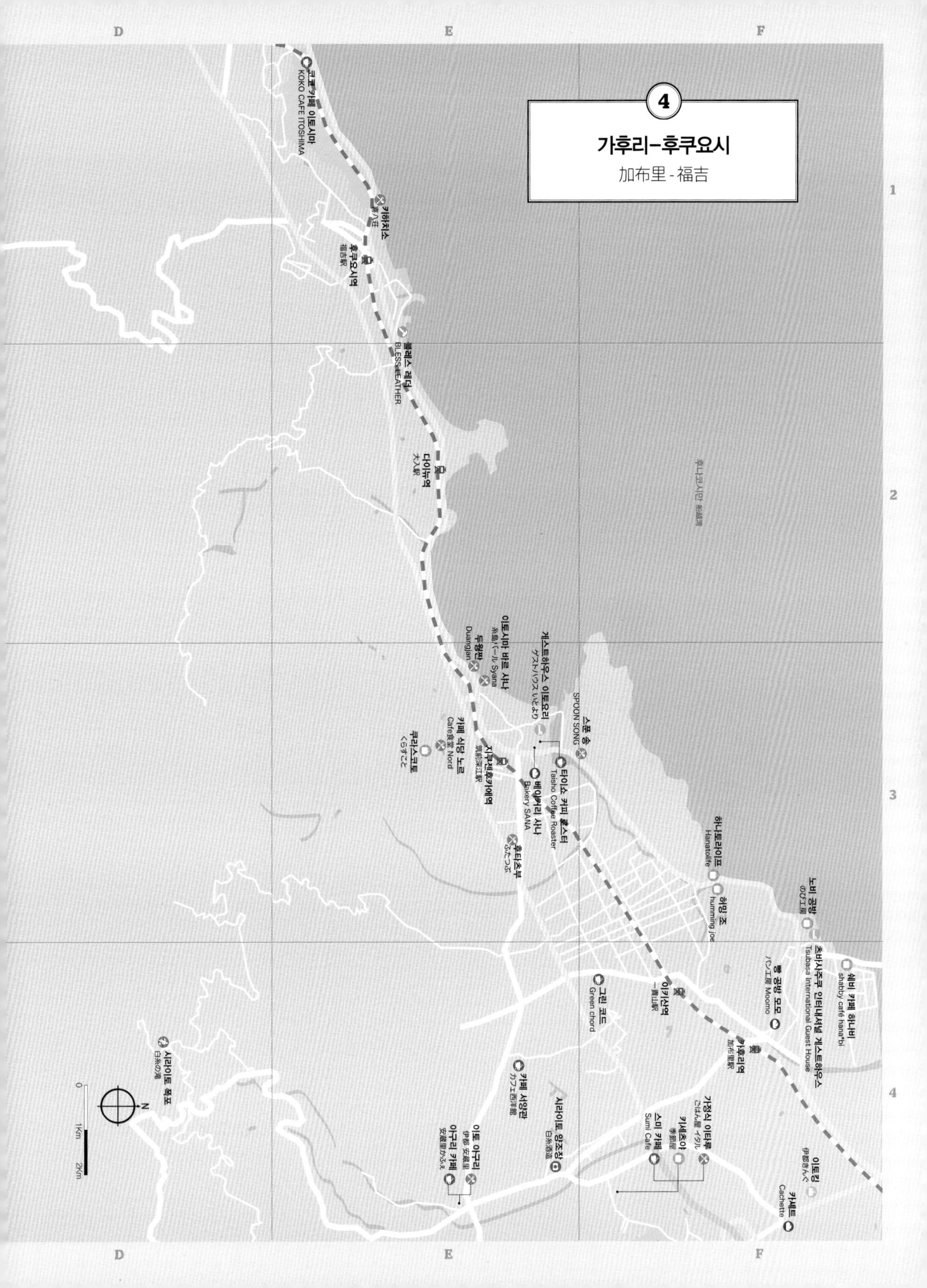

4
가후리-후쿠요시
加布里 - 福吉
D
E
F
1
2
3
4
코코 카페 이토시마
KOKO CAFE ITOSHIMA
카하치소
후쿠요시역
福吉駅
블레스 레더
BLESS LEATHER
다이뉴역
大入駅
후나코시만 船越湾
이토시마 비르 사나
糸島バール Syana
두왕짠
Duangjan
게스트하우스 이토요리
ゲストハウス いとより
스푼 송
SPOON SONG
카페 식당 노르
Cafe食堂 Nord
쿠라스코토
くらすこと
지쿠젠후카에역
筑前深江駅
베이커리 사나
Bakery SANA
타이쇼 커피 로스터
Taisho Coffee Roaster
후타츠부
ふたつぶ
하나토라이프
Hanatolife
허밍 조
humming joe
노비 공방
のび工房
츠바사주쿠 인터내셔널 게스트하우스
Tsubasa International Guest House
셰비 카페 하나비
shabby café hana*bi
빵 공방 모모
パン工房 Moomo
그린 코드
Green chord
이키산역
一貴山駅
가후리역
加布里駅
시라이토 폭포
白糸の滝
카페 서양관
カフェ西洋館
시라이토 양조장
白糸酒造
이토 아구리
伊都 安蔵里
아구리 카페
安蔵里かふぇ
가정식 이타루
ごはん屋 イタル
키세츠야
季節屋
스미 카페
Sumi Cafe
이토킨
伊都きんぐ
카셰트
Cachette
N
0
1Km
2Km

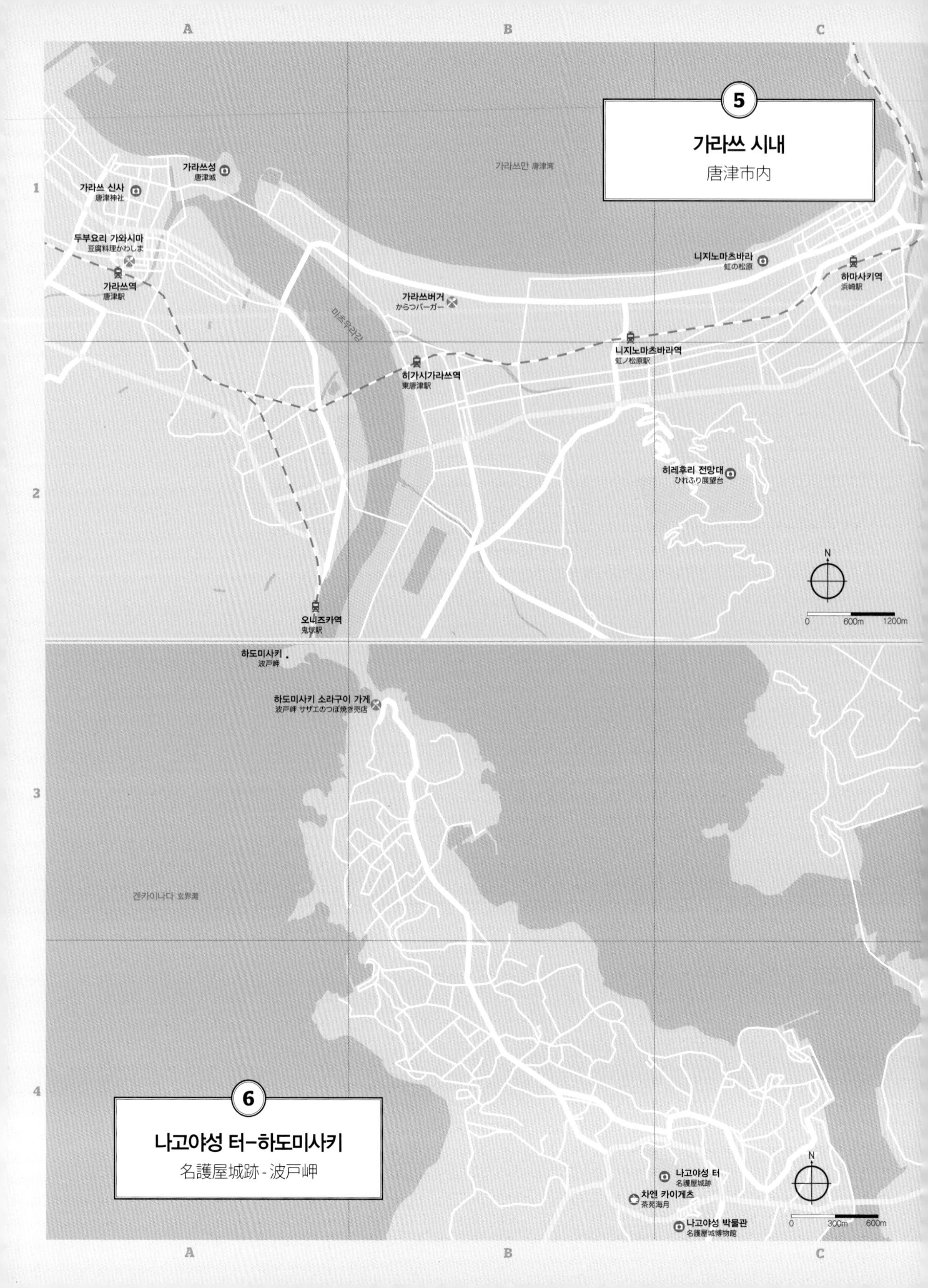

A
B
C
1
2
3
4
5
가라쓰 시내
唐津市内
가라쓰만 唐津湾
가라쓰성
唐津城
가라쓰 신사
唐津神社
두부요리 가와시마
豆腐料理かわしま
가라쓰역
唐津駅
가라쓰버거
からつバーガー
미츠우라강
니지노마츠바라
虹の松原
하마사키역
浜崎駅
니지노마츠바라역
虹ノ松原駅
히가시가라쓰역
東唐津駅
히레후리 전망대
ひれふり展望台
N
0
600m
1200m
오니즈카역
鬼塚駅
하도미사키
波戸岬
하도미사키 소라구이 가게
波戸岬 サザエのつぼ焼き売店
겐카이나다 玄界灘
6
나고야성 터-하도미사키
名護屋城跡 - 波戸岬
나고야성 터
名護屋城跡
차엔 카이게츠
茶苑海月
나고야성 박물관
名護屋城博物館
N
0
300m
600m

Publisher
송민지 Minji Song

Managing Director
한창수 Changsoo Han

Writer
김우유 Woou Kim

Editors
강제능 Jeneung Kang
오대진 Daejin Oh

Designer
김영광 YoungKwang Kim

Illustrator
UNIQUIST

Marketing&PR
신하영 Hayeong Shin

Business Director
서병용 Byungyong Seo

Publishing
도서출판 피그마리온

brand
easy&books
easy&books는 도서출판 피그마리온의 여행 출판 브랜드입니다.

Tripful

Issue No.10

ISBN 979-11-85831-64-0 ISBN 979-11-85831-30-5(세트)
등록번호 제313-2011-71호 등록일자 2009년 1월 9일
초판 1쇄 발행일 2018년 9월 21일

서울시 영등포구 선유로 55길 11, 4층
TEL 02-516-3923
www.easyand.co.kr

BE FILLED WITH TRIP

트립풀은 당신의 가슴에 여행이 가득하길 바랍니다.
새로움, 즐거움, 편안함 등 여행으로 얻을 수 있는 다양한 감정으로
삶에 영감을 주고 싶습니다. 당신이 여행에 몰입하여
세상과 나를 다시 발견하고, 모든 감각을 통해서 여행의 느낌을
기억하도록 트립풀만의 방식으로 만들어갑니다.

정가 13,000원

ISBN 979-11-85831-64-0
ISBN 979-11-85831-30-5(세트)